Chengshi Gonggong Jiaotong
Yunying Guanli Moshi

城市公共交通运营管理模式

江玉林　陈徐梅　编著

内 容 提 要

本书运用理论分析、案例解析、国际比较等多种方式，对城市公共交通运营管理模式改革中存在的热点和难点问题进行了分析探讨，提出了我国城市公共交通运营模式改革建议。

本书旨在为行业管理部门探索我国国情下城市公共交通运营管理模式改革思路、制定城市公共交通发展政策、加强行业管理提供参考借鉴，为有关公共交通企业、科研单位参与城市公共交通相关工作的人员提供参考和帮助。

图书在版编目(CIP)数据

城市公共交通运营管理模式／江玉林，陈徐梅编著.
—北京:人民交通出版社股份有限公司,2015.12
ISBN 978-7-114-12307-8

Ⅰ.①城… Ⅱ.①江… ②陈… Ⅲ.①城市交通－公共交通系统－运营管理－运营模式 Ⅳ.①U491

中国版本图书馆 CIP 数据核字(2015)第 130912 号

书　　名: 城市公共交通运营管理模式
著 作 者: 江玉林　陈徐梅
责任编辑: 杨丽改
出版发行: 人民交通出版社股份有限公司
地　　址: (100011)北京市朝阳区安定门外外馆斜街 3 号
网　　址: http://www.ccpress.com.cn
销售电话: (010)59757973
总 经 销: 人民交通出版社股份有限公司发行部
经　　销: 各地新华书店
印　　刷: 北京鑫正大印刷有限公司
开　　本: 720×960　1/16
印　　张: 9
字　　数: 120 千
版　　次: 2015 年 12 月　第 1 版
印　　次: 2015 年 12 月　第 1 次印刷
书　　号: ISBN 978-7-114-12307-8
定　　价: 28.00 元

编写委员会

组　长：江玉林　陈徐梅

成　员：（以姓氏拼音为序）

安　晶　常成志　郭　忠　江　天

姜文华　姜仙童　刘蕾蕾　刘荣先

彭　虓　石　欣　王寒松　王吉生

魏领红　吴洪洋　吴忠宜　徐　畅

许　飒　杨丽改　张好智　赵　屾

钟朝晖

前言 Preface

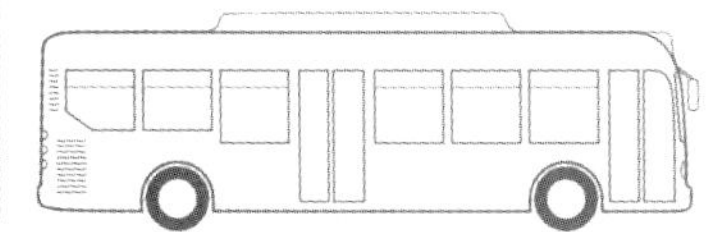

城市公共交通是承载人民群众基本出行需求的重要事业，关系国计民生。党中央、国务院高度重视城市公共交通发展问题，历届党和国家领导人曾多次就优先发展城市公共交通做出具体指示。2008年大部制改革后，指导城市客运发展的职能划归交通运输部。为指导城市客运健康发展，交通运输部牵头积极推动出台有关法律法规，不断完善城市客运系列标准，大力推进公交都市创建示范工作。

城市公共交通在发展过程中，受历史遗留问题等诸多因素影响，政府和市场的关系还不明确，一些重要问题制约了行业健康发展，其核心是城市公共交通线路运营资源的配置问题。对于如何解决这些发展中的问题，特别是确立什么样的发展改革方向，采取什么样的运营管理模式和配套激励政策，如何合理界定政府和市场的关系，更好地在坚持城市公共交通公益属性的前提下充分发挥市场作用，我国各城市在社会经济体制和行政体制变迁的过程中，开展了有益的探索，积累了一些成功的经验，也不乏失败的教训。对于我国城市公共交通运营管理模式的发展改革方向,社会公众和专家学者有着不同理解、不同观点和不同建议。

中国共产党的十八届三中全会指出,“要处理好政府和市场的关系,使市场在资源配置中起决定性作用和更好发挥政府作用”。从长远发展的思路看,应更好地减少政府对资源的直接配置,更多地发挥市场作用,引入竞争机制,探索政府购买公共交通服务机制,加强和优化公共交通服务,提升公共交通对居民出行的吸引力。为此,亟须在充分把握我国城市公共交通行业发展特点的基础上,摸清各城市的公共交通运营管理模式及现状,找出存在的主要问题及深层次原因,探索未来发展方向。同时,有必要学习借鉴国际经验,提出我国城市公共交通运营管理模式改革的方向与建议。

对于当前我国城市公共交通运营管理中存在的问题,需要运用理论分析和实践经验相结合的方式深入剖析原因,寻找内在规律,找出发展方向。为此,作者着眼理论分析和实践案例的归纳整理,完成了本书的编写。编写本书的主要目的有以下三个方面:

(1)梳理典型案例。国内外典型城市在公共交通的运营管理中形成了很多很好的做法,但是还缺乏从运营管理模式角度开展的系统梳理。特别是对于公共汽电车的线路资源配置模式和快速公共汽车(BRT)这一新兴运营工具的运营管理模式,缺乏系统梳理。

(2)启发发展思路。社会公众和学术界对于城市公共交通运营管理模式提出了很多发展改革思路,有很多不同的观点,在以往的发展过程中形成了不同的范式,并正在沿着多样化路径发展,本书在编写过程中坚持开放式思路,广泛听取专家学者意见,同时多方参考历史文献,期待抛砖引玉,引学界争鸣。

(3)助力行业发展。本书运用理论分析、实践解析、国际比较等多种方式,对城市公共交通运营管理模式改革中存在的热点和难点问题进行了分析探讨,并提出了我国城市公共交通运营模式改革的建议,以期为行业主管部门探索我国国情下城市公共交通运营管理模式改革提供参考借鉴。

在本书的编写过程中,赵岫、魏平洪等同志参与了部分编写工作,吴洪洋、彭𧆞、刘好德、钟朝晖等专家提出了很多宝贵的意见和建议，还广泛吸收了轨道交通和快速公共汽车同行的研究观点，在此表示衷心感谢。

希望本书的出版发行，能为读者搭建城市公共交通运营管理模式改革发展的交流平台，为交通运输主管部门推进城市公共交通运营管理模式改革提供参考和借鉴。由于时间、素材和作者水平所限，书中观点难免存在局限性，欢迎广大读者批评指正。

编著者

2015 年 5 月

目录
Contents

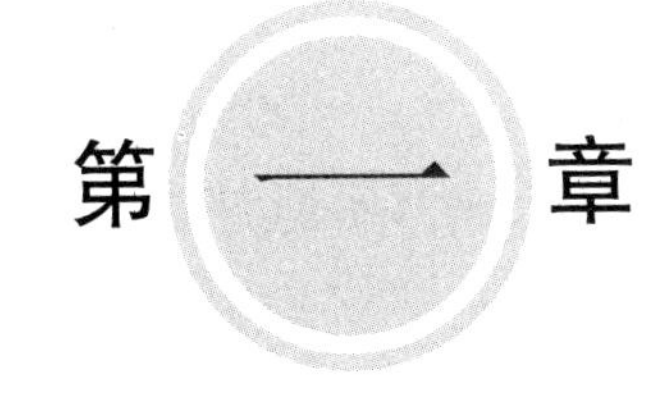

第一章 概述

城市公共交通是满足城市居民基本出行需要的最主要交通方式，是基本公共服务体系的重要组成部分。近年来，随着经济社会发展和人民生活水平的提高，社会公众对不断提升城市公共交通服务水平的期望值越来越高。当前，在我国全面深化改革的步伐不断推进，城镇化、机动化进程不断加快的背景下，亟须从顶层设计出发，加强理论和制度创新，加快转变政府职能，大胆探索有利于提升服务质量的城市公共交通发展模式，科学确定城市公共交通发展改革方向，制定出台相关政策措施，促进城市公共交通行业的长期健康发展。

一、城市公共交通的地位和作用

城市公共交通是城市交通体系的主体，立足于为社会公众提供定点、定时、定线的基本出行服务。2013 年，全国城市客运系统运送旅客 1 283.35亿人次，其中城市公共交通客运量为 881.42 亿人次，占城市总客运量的 68.7%，相当于每年运送全国城市居民 120 余次。每天乘坐公共交通出行的旅客达到 2.4 亿人次，相当于道路运输客运总量的 3 倍。城市公共交通已经成为 60% 以上的城市中、低收入阶层的首选出行方式，对于保障城市交通有序运行、服务老百姓日常出行具有不可替代的作用。

我国党和国家历届领导人高度重视城市公共交通的发展，多次视察城市公共交通发展，并做出重要指示。2012 年，国务院印发《关于城市优先发展公共交通的指导意见》（国发〔2012〕64 号），作为指导城市公共交通发展的纲领性文件，在全国各地掀起了城市公共交通优先发展的热潮。2012 年以来,交通运输部在全国开展了“公交都市”建设示范工程,促进城市公共交通优先发展先行先试,并促进经验交流分享,推动全国公共交通优先发展政策落到实处。

我国政府确立城市公共交通的公益性定位,并将公益性作为制定城市公共交通发展政策,推动城市公共交通发展的基石。城市公共交通的公益性主要体现在三个方面:

(1)基础性。城市公共交通是社会公众日常出行所依赖的最基本的交通方式,是政府应当提供的、人人均应享有的基本公共服务,它解决了社会公众的基本生活需求,关系国计民生和社会的和谐稳定,关系人民群众的根本利益。

(2)广泛性。城市公共交通是面向广大公众,提供无差别的均等化服务的交通方式。2013 年,全国城市公共交通客运总量达到 881.42 亿人次,相当于城市居民每人乘坐公共交通 100 多次。可以说,城市公共交通是公众出行最主要的交通方式,也是服务对象最为广泛的交通方式。

(3)非营利性。城市公共交通票价实行政府定价,企业为执行政府保障民生的要求,按政府定价执行远远低于成本。此外,城市公共交通还普遍承担着城市特殊人群优惠乘车、应急运输保障和政府指令性任务等方面的责任。因此,城市公共交通是典型的非营利性行业,也是国家基本公共服务体系的重要组成部分,其社会公益属性十分明显。

国外也普遍将城市公共交通定位为公益性事业。如德国《公共市郊客运法》明确规定:“当公共市郊客运由于执行它在公共经济方面的任务,而这个任务又不允许它用交通收入来弥补费用支出时,它可以得到经济补偿”。法国《城市交通法》规定:“公共交通企业执行规定的票价和服务标准,应该得到合理的政府补贴,以维持公共交通运营活动经费收支的平衡”。

二、城市公共交通的组成

根据建设部出台的《城市公共交通分类标准》(CJJ/T 114—2007),城市公共交通由城市道路公共交通、城市轨道交通、城市水上公共交通和城市其他公共交通方式组成,如图 1-1 所示。

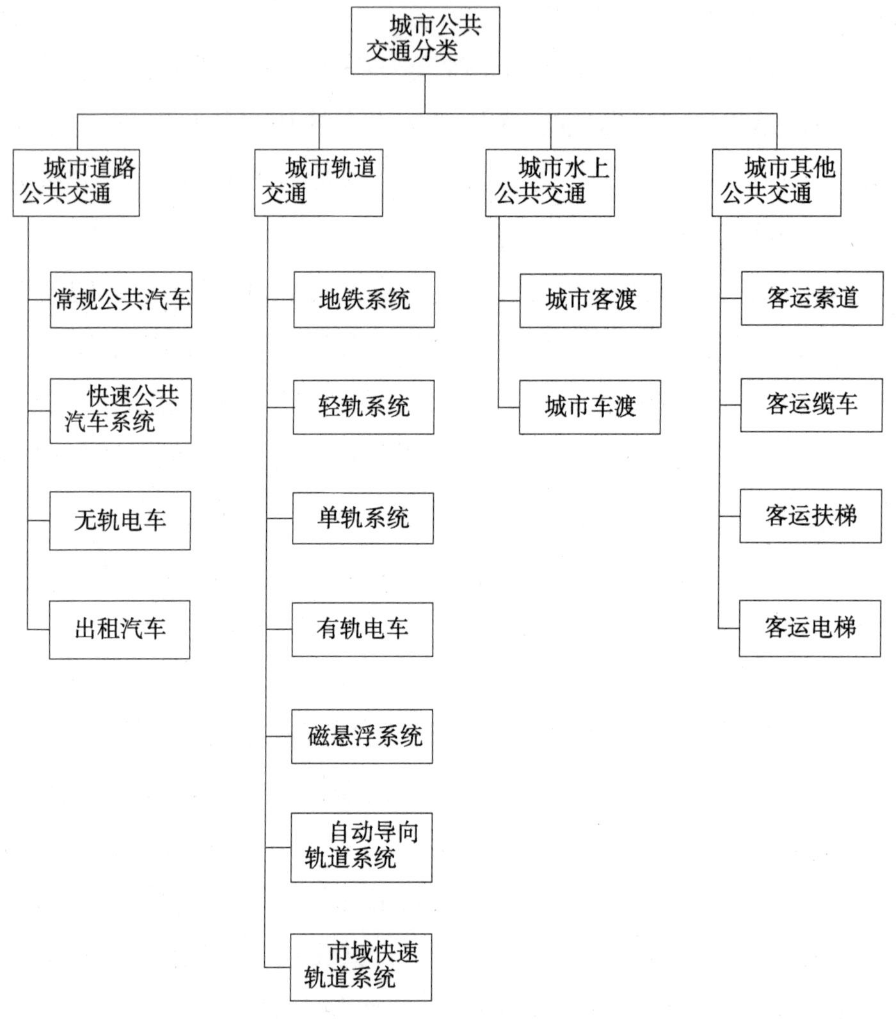

图 1-1　城市公共交通分类

在城市公共交通系统中，业界对于出租汽车是否属于城市公共交通有广泛的争议。观点一认为，出租汽车属于公共交通范畴，具有与公共交通相似的服务特征，也承担了公共交通的部分功能。观点二主张，出租汽车是城市公共交通的补充，相对于公共汽电车、轨道交通等的"主角"地位，出租汽车属于城市公共交通体系的"配角"。观点三认为，出租汽车与公共交通存在本质差异，不属于公共交通方式，提供的是高端的个性化、定制化运输服务，不属于社会公益性事业，但与公共交通、私人交通一样，都是城市综合运输体系的组成部分，以满足社会公众基本出行服务之外的多样化、多层次出行需求。

本书中采用观点三的主张，并将主要针对城市道路公共交通（常规公共汽车和无轨电车、快速公共汽车（BRT）系统）和城市轨道交通的运营管理模式进行阐述。

三、城市公共交通发展改革的重大问题

由于各地经济发展水平和公共交通发展阶段的差异，在推进城市公共交通发展改革方面，还存在一些深层次问题，主要表现为：

1. 行业治理能力亟待提升

（1）城市客运统筹管理体制改革还需进一步深化。随着城市公共交通管理工作的进一步推进，公共交通规划、建设、运营管理主体分散、纵向职能分割等体制弊端仍显突出，各部门间"各定其位、职能错开、权责对等"，职能设置和工作机制还有待进一步建立健全。另外，很多城市的公共交通虽然属于交通运输部门管理，但道路客运和城市公共交通却由分别独立的机构实施，城乡客运的"二元"管理体制仍然存在，也成为城乡客运一体化发展的体制障碍。

(2)各地对确立城市公共交通的主体地位认识不够。经济社会的发展要求城市公共交通能满足城市和区域经济活动引发的生产和生活需要,能够发挥城市的区位优势,带动产业转型升级,促进经济发展。这就需要各地跨越传统政府管理的地区封闭、效率低下、缺乏协作等障碍,加快确立城市公共交通主体地位。与国外同类城市比,我国城市公共交通普遍服务能力不足、发展方式粗放、服务质量不优等问题还普遍存在。城市公共交通的主体地位没有得到确立,各类配套政策还不齐全。

(3)各地对城市公共交通改革的重视程度不够。城市公共交通是具有明显公益属性的典型公共服务行业。目前,虽然各地普遍确定了城市公共交通企业国有化的改革方向,但部分城市对城市公共交通改革的紧迫性认识还不够、相关措施的落实还不到位,还存在"怕麻烦、怕担责、不敢碰、不愿碰"的消极思想。

2. 政策法规体系有待完善

(1)《城市公共交通条例》还未出台。各地在制定地方城市公共交通规章制度和开展行业管理工作时缺乏上位法依据,导致对相关概念和工作的认识不一。

(2)城市轨道交通运营管理专项法规缺乏。国家层面缺乏针对城市轨道交通运营管理的专项法规。上海、广州等9个城市发布了《城市轨道交通条例》,除直辖市外的省级人民政府均未出台相关的地方性专项法规。北京、天津等19个城市制定了《城市轨道交通运营管理办法》,但约束力相对不足。

(3)城市公共交通优先发展的支持保障政策还需细化。部分省级交通运输主管部门对城市公共交通优先发展的指导和支持力度还有待加强。公共交通用地综合开发、票制票价等关键政策和制度还没有落地。

部分地区公共交通基础设施建设的稳定资金投入机制尚未形成，公共交通规划用地保障还不到位，基础设施建设滞后。多数城市公共交通运营补贴资金仍采取“一事一议”，公共交通发展缺乏稳定连续的资金来源，车辆更新、智能公共交通建设速度缓慢。

3. 运营管理模式改革有待深入

（1）社会资本的市场准入体制机制还不健全。目前，社会资本参与公共交通基础设施投资、建设、运营的体制机制还不健全，对社会资本的“玻璃门”、“弹簧门”依然存在。有的城市，非国有资本在经营城市公共交通事业时得不到平等的政府补贴补偿。

（2）市场在资源配置中的决定性作用还没有得到发挥。部分城市未有效发挥市场在资源配置中的优势，对于公共交通企业的服务质量考核、补贴补偿激励机制、公共交通企业内部竞争机制等方面有待加强，“规模经营、有序竞争”的运营模式尚未形成。公共交通企业加强内部管理、提升管理效率、降低运营成本和提高服务品质的主动性不足。

（3）因地制宜选择城市交通发展模式还不够。城市交通规划理念还比较滞后，公共交通被动适应城市发展需求的局面仍普遍存在。很多城市不顾自身实际，盲目发展轨道交通，常规公共交通、快速公共汽车（BRT）以及公交专用道建设滞后。有的城市在土地开发中未充分考虑交通基础设施的承载能力，不注重发挥公共交通在城市建设与发展中的作用，大部分城市公共交通运营组织用地保障不足。

4. 企业可持续发展能力还需进一步提升

（1）公共交通低票价和高成本之间的矛盾广泛存在。多数城市实施低票价政策，运营成本却是按照市场的价格不断上升。政府管制的低票价与公共交通企业的高运营成本之间的矛盾凸显，公共交通企业成本与收入倒挂现象严重。

(2)政府补贴不足导致公共交通企业过度依赖中央燃油补贴。大部分城市公共交通企业处于亏损运营状态,政府财政补贴补偿不到位,“政府请客、企业买单”现象普遍存在。公共交通企业过度依赖中央燃油补贴,企业发展资金长期短缺,资产负债率居高不下,职工待遇较低,提升服务质量的内在动力不足。

(3)公共交通企业管理现代化水平不高。公共交通企业结构冗余,管理流程复杂,人车比不合理等问题普遍存在,在部分尚未建设智能化公共交通管理和调度系统的企业,公共汽电车运营的排班和调度等工作仍需要人工完成,造成了企业管理成本的进一步提高。

其中,运营管理模式改革的核心是如何正确处理政府与市场关系问题和资源配置问题,这也是关系城市公共交通未来发展的最核心问题之一。

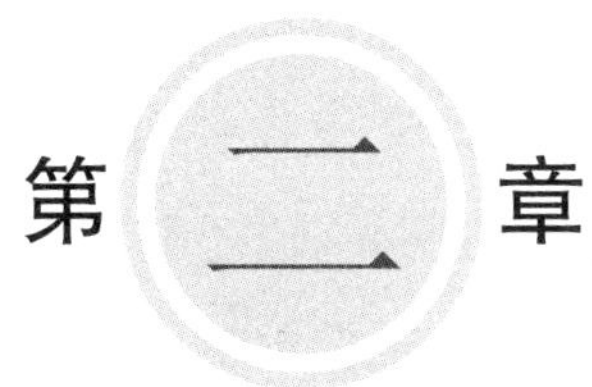

第二章

城市公共交通运营管理的市场理论分析

随着十八届三中全会提出加快转变政府职能,充分发挥市场在资源配置中的决定性作用,各地在城市公共交通运营管理模式改革方面开展了积极探索。本章通过研究城市公共交通运营管理的相关理论,结合国际经验和国内案例,提出未来运营管理模式改革的理论基础。

第一节　公共物品理论

一、公共物品的基本概念

最早提出公共物品概念的美国经济学家保罗·萨缪尔森为它做出了这样一个定义:每个人对这种产品的消费,都不会导致其他人对这种产品消费的减少。公共物品的概念相对于私人物品,它所规范的对象不再限于满足个人生存发展所需要的经济行为,而是将全社会作为一个整体去研究它的存续与发展,比如公共秩序、公共管理、公共资源、环境保护等。

一般认为,公共物品有以下五个特征:

(1)非排他性。公共物品的消费者在消费过程中,不能够独占消费行为所带来的收益。即使在技术上这种独占行为是可行的,但由于其机会成本远远大于其收益,因而不会被采用。

(2)非竞争性。公共物品消费者的消费行为并不能够降低其他消费者的消费收益,因而公共物品消费者之间的关系是非竞争性的。而从公共物品供给的角度来看,在一定范围内,消费者数量增加的边际成本约等于零。

(3)消费过程的不可分割性。公共物品对于消费者的效用供给,并不会因个体消费行为破坏收益的均等性。因为按照理性人假设,理性人追求个人利益最大化,维持他们对于一种共同收益产品的投资,必须满足个体之间投入与收益比例的均等。

(4)公益性。公共物品的供给是为了在一定范围内满足公民的基本利益,使大多数人处于收益状态。

(5)外部性。公共物品的消费者在消费过程中,其消费行为会对其他消费者以及外部环境等造成影响,这种影响或正或负。

同时满足以上五个特征的我们通常称之为纯公共物品,而部分满足的称之为准公共物品。比如:在现实情况中,由政府统一供给的公共物品并不总是维持边际成本为零,消费者数量超过一定程度之后就会造成系统负担过重,乃至边际成本上升,而消费者的消费行为有时也会间接导致其他消费者收益的下降。同时,随着社会经济活动的日益丰富,人们对于公共物品的认识也在逐渐深化和系统。

二、城市公共交通的属性和特点

城市公共交通是最为典型的一种准公共物品。城市公共交通由政府统一供给、统一管理、统一筹划。而另一方面,由于其消费主体基于不同出行线路、出行时段、出行距离等做出的消费行为的数量并不均等,在局部范围内也会产生一定的竞争性和排他性。可以认为,公共需求和供给这一对基本矛盾决定了城市公共交通是一种准公共物品。而具体消费行为的差异性在一定程度上造成了竞争性、局部排他性,所以公共交通是一种具有拥挤性的准公共物品。

城市公共交通在正常运力情况下，能够保证消费者之间在空间容纳、时间消耗、舒适程度等效用方面的均等性，并维系这种效用不会因为乘客数量的增加而产生明显降低。而一旦消费者数量超过了正常运力承受范围，超出范围新增加的消费者就会挤占其他消费者的正常收益，造成个人空间的减少、封闭环境下气温的上升与空气质量的下降、因上下车拥堵造成的时间浪费等。而从整体消费的角度，消费者数量的上升也会加剧整车重量对于路基的损害。正因为这种超负荷消费的危害性，管理者会规定公共交通消费的可容纳范围，即规定了一定消费数量和消费时间。正是由于这种规定，消费者之间实际上是存在竞争关系的。

(1)公共选择理论：由于公共交通的准公共物品属性，政府在规划和管理过程中势必遇到消费者个人行为与政府公共行为的融合问题。这就涉及政府的公共选择行为。按照狭义的公共选择理论，在理性人假设前提下，政府组织者的施政行为并不总是像人们想象的充满公益性和正义性，而是首先谋取个人利益的最大化，不断扩大自己的预算，不断争取个人利益和组织利益最大化，而后才会考虑公共利益。正因如此，公共选择理论认为政府失败是普遍存在的。公共选择理论认为，正是由于政府失败的缺陷，所以应该打破政府的垄断地位，释放一定的政府职能，交予市场自行管理，通过建立私人竞争、公私竞争等，重塑政府与市场之间的关系。由于公共交通准公共物品的基本属性，以及政府在施行公共选择问题上可能会出现的失当，所以由政府统一规划、管理，由企业具体经营、运作的城市公共交通运营模式是比较恰当的。

(2)公共物品的供需理论：城市公共交通作为一种准公共物品，具有商品的属性，有着特殊的市场需求。这种需求来源于以低廉的个人成本获取便捷的城市交通出行的需求。理性人在做出具体消费行为时，总是依据自身的消费偏好来做出决定。在私人交通和公共交通之间比较，我们发现,理论上公共交通在出行目的、出行线路、同乘人数上具有相对优势,但我国的实际情况却并非如此。由于我国经济社会发展和居民人均可支配收入的不断提升,城市居民的消费能力和消费层次总体上呈现上升趋势,因而居民更倾向于选择时尚、个性的私人交通出行方式,并通过这种方式来彰显自己的经济社会地位。与私人交通的出行方式相比,公共交通在线路设计与交通工具质量上相对低劣,即人们会随着收入的提高而降低对其的需求。所以从公共交通的供给与需求两方面来看,公共交通的经营还需要政府采取相应的经济激励措施以鼓励企业改善营运条件,提供更优质的城市公共交通,让人民群众愿意乘公共交通、更多乘公共交通。其核心问题是规范市场准入、退出,并努力提升服务质量。

(3)代理理论:Adolf Berle 和 Gardiner Means 于 1932 年提出了经典的代理理论。其中心任务就是研究在利益相冲突和信息不对称的环境下,委托人如何设计最优契约以激励代理人,进而实现自己的效用最大化。委托人和代理人之间存在两个冲突:一是委托人和代理人之间利益不一致;二是委托人和代理人之间信息不对称。

在城市公共交通运营管理方面,政府和公共交通企业可以分别视为委托人和代理人。政府在基础设施建设、城市交通规划方面相对企业而言具有更大的优势,而企业在具体经营和成本管理方面具有更直接的话语权。就利益而言,政府以公共利益最大化为目标,而企业则以自身盈利为目的;就信息而言,企业日常的经营行为和实际成本、利润很难被政府所观察,因而政府反而容易成为信息不对称中的劣势者。

因而,政府在制定激励政策的同时,应该主动选取能够被政府观测的具体经济行为作为施行补贴的依据。比如按照行驶总公里数、人均公里数、线路、服务成本、载客量施行补贴,则能够起到正向激励作用,而按照统包、包干(给定补贴总额上限)、包基数(只给定一个较低的基本补贴)、纯票价补贴等方式则很难起到激励作用。

第二节　政府购买公共服务理论

政府购买公共服务,即政府把直接向社会公众提供的一部分公共服务和社会管理事项,不由政府直接使用财政资金完成,而是引入市场机制,按照一定的方式与程序,交由具备条件的社会组织或营利性机构等其他主体来提供公共服务,政府根据服务数量和质量向社会组织支付费用。

一、政策背景

在社会主义市场经济条件下,为全体城乡居民提供公共服务是政府的基本职能之一。中国共产党的十八大报告中把"基本公共服务均等化总体实现"列为2020年实现全面建成小康社会宏伟目标的重要内容。对于如何提供公共服务,即以什么方式提供基本公共服务和非基本公共服务,《中华人民共和国国民经济和社会发展第十二个五年规划纲要》(以下简称"十二五"规划纲要)也提出了基本原则,就是"改革基本公共服务提供方式,引入竞争机制,扩大购买服务,实现提供主体和提供方式多元化。推进非基本公共服务市场化改革,放宽市场准入,鼓励社会资本以多种方式参与,增强多层次供给能力,满足群众多样化需求"。中国共产党的十八大报告强调,"要加强和创新社会管理,改进政府提供公共服务方式"。

2013年以来,新一届国务院对进一步转变政府职能、改善公共服务做出重大部署,明确要求在公共服务领域更多引入社会力量,加大政府购买服务力度。2013 年,国务院办公厅发布《关于政府向社会力量购买服务的指导意见》(国办发〔2013〕96),对政府向社会力量购买服务提出了具体的指导意见。这一指导意见一方面反映了中央对最近几年一些地方政府实施的政府购买服务的探索和尝试的充分肯定,也为今后进一步规范政府购买公共服务实践指明了方向。

2014 年 1 月,财政部发布了《关于政府购买服务有关预算管理问题的通知》(财预〔2014〕13 号),要求妥善安排购买服务所需资金,"政府购买服务所需资金列入财政预算,从部门预算经费或经批准的专项资金等既有预算中统筹安排。对预算已安排资金且明确通过购买方式提供的服务项目,按相关规定执行;对预算已安排资金但尚未明确通过购买方式提供的服务,可根据实际情况,调整通过政府购买服务的方式交由社会力量承办。既要禁止一些单位将本应由自身承担的职责,转嫁给社会力量承担,产生'养懒人'现象;也要避免将不属于政府职责范围的服务大包大揽,增加财政支出压力。"同时要求"健全购买服务预算管理体系,强化购买服务预算执行监控,推进购买服务预算信息公开,实施购买服务预算绩效评价,严格购买服务资金监督检查"。

2014 年 12 月,国家发展和改革委员会发布《关于开展政府和社会资本合作的指导意见》(发改投资〔2014〕2724 号),其中提出,对"非经营性项目"可通过政府购买服务,采用市场化模式推进。

二、国际经验借鉴

从世界范围来看,政府购买公共服务是 20 世纪 80 年代初从英美等发达国家开始的,距今不过 30 多年的历史,并且在不同的国家发展模式不一。有的国家或地区政府比较积极地推进公共服务多元化,而有的国家或地区则持比较谨慎的态度,民营供应商在公共服务提供中所起的作用依然十分有限。在我国,“政府购买公共服务”(government purchases of public services)是党和政府文件中和学术界的一般用语。而在美国等发达国家,更多的使用政府或公共服务民营化或政府服务外包、合同外包(privatization of government services, outsourcing of government functions, contracting of government services)等概念。含义基本相同,就是把原来由某政府机构直接向社会公众提供的一部分公共服务项目,转变为通过面向社会公开招标、政府直接拨款等方式和程序,交给有资质的社会组织、企业、机构等供应商(vendors)承担公共服务的提供,同时政府从公共预算中根据民营供应商提供公共服务的数量和质量支付费用。

公共服务是由政府自身提供,还是政府向企业购买,或者由社会组织提供,除了与公共服务自身的属性有关之外,还受该国的文化及历史传统的影响。根据国内学术界近年来对部分发达国家或地区公共服务模式的研究,政府购买公共服务的国际经验主要有三类:第一类以美国、英国等国为代表,其公共服务倾向于向私营部门购买;第二类以德国、意大利等欧洲国家为代表,非营利组织在其公共服务的提供中具有更加重要的地位;第三类以日本、新加坡等亚洲国家为代表,强调政府在公共服务提供中的主体地位。

(1)私营部门为主体提供公共服务。公共服务提供的第一种类型更加强调私营部门的作用,以美国和英国为典型代表,而二者的背景和路径也不尽相同。以英国为例,第二次世界大战之后,英国实施大规模国有化运动和福利制度,建立了由政府提供“从摇篮到坟墓”全面公共服务的“福利国家”。住房、交通、教育、医疗、失业救助等关系国计民生领域的公共服务大部分由政府低价提供,能源、电力、邮政、铁路等垄断性行业也基本由政府控制。之后,随着社会福利开支日益扩大,政府的财政收入与财政支出之间的差距开始扩大,财政赤字逐步增长,英国政府和公众开始意识到庞大的公共服务开支难以为继的财政风险。同时，由政府包办提供公共服务的弊端逐渐显露出来，官僚作风、运行效率低下，一度成为“英国病”的重要内容。正是在这种大背景下，20 世纪 70 年代末，撒切尔夫人领导下的保守党政府进行了包括公共服务提供机制的改革在内的一系列私有化改革，主要内容就是私营部门进入并主导了过去一个时期由政府提供公共物品的领域，在供气、供水、供电、交通等领域引入私营企业。在地方政府层面施行“雷纳评审”和“下一步行动计划”，促进地方公共服务提供的市场化。总的来看，英国公用事业私营化的实践，一方面缓解了公共财政能力不足的问题，帮助公共部门提供了更多的公共物品；另一方面由私营部门提供公共物品鼓励了私营部门之间的竞争，提高了公共物品的供给效率。

继撒切尔夫人改革之后，布莱尔在担任英国首相期间提出了“第三条道路”理论，继续推进改革。该理论要求区分开政府与市场分别适合提供哪些领域的公共服务，又有哪些领域适合公私部门合作。在“第三条道路”理论的推动下，英国进行了公共部门与私营部门合作提供公共服务的尝试。在公用事业领域引入竞争，政府对于公共服务的提供是自上而下地管理，使用者对于公共服务的感受是自下而上地反馈，公共部门、私营部门与公共服务的使用者做到了利益共享、风险共担，在许多公用事业领域都取得了积极的成效，其影响力很快向其他国家扩展，也引发了发展中国家的学习浪潮。

与英国公共物品提供机制改革的路径不同，美国在第二次世界大战之后并没有出现大规模的国有化过程，却存在着政府部门对公共服务过度干预的情况。20 世纪 80 年代里根政府时期更多地实行发挥市场机制作用的“供给学派”经济政策，掀起了以放松管制为主要内容的经济改革运动，市场机制更多地被运用于美国的公用事业运营中。在克林顿政府时期,联邦政府在对 100 多个机场的空管和一些军事基地功能的运营中引入了市场竞争机制。而州和地方政府实施公共服务市场化提供的改革措施更加多样化。例如,佛罗里达州政府在 1999—2007 年,实施了 130 多次私营化和竞争性外包,节约了 5 亿多美元。应当强调的是,美国的公用事业私营化或者市场化模式与英国等其他西方国家的不同之处在于更多地采取了公共服务或政府服务合同外包的形式。通过服务外包,私营企业和一些社会组织可以提供多种公共服务,包括公园管理、卫生保健、学前教育、社会住房、老年人照顾、社区司法矫正服务等。少数地方政府甚至将一些一直由政府提供的公共物品合同外包给了私人企业,比如监狱外包管理。

(2)非政府组织提供公共服务。与英美注重引入市场机制和竞争,试图建立公共部门与私营部门合作提供公共服务提供的模式不同,以德国为代表的公共服务提供的第二种类型对于公共服务市场化、在公用事业领域引入竞争更为谨慎,并未出现过和英美类似的大规模私营化、市场化浪潮。与英、美倾向私人企业提供公共服务不同,受政治和文化的影响,社会慈善组织在德国公用事业中发挥了更多的作用。

德国在公用事业引入市场机制上态度较为谨慎,为了减少财政压力,其地方政府希望借助市场的力量,把可竞争、可计量的事业型公共物品领域外包给了企业,社会性服务外包给了公益性团体。尽管德国政府鼓励私营部门进入曾经由政府主导的公共服务领域,主要采取政府业务合同出租和竞争性招标的方式来引进私营部门,提高公共服务的提供效率;但是,德国依然采取了成本收益分析、招标管理、全面质量管理等管理方法措施,有效防止了私营部门在公用事业领域垄断的可能,保障了德国公私合作在公用事业的成功发展。目前,德国政府向私人企业购买的公共服务主要包括违章车辆拖吊、垃圾处理等简单服务。德国公共服务的另一个特点是公民参与,公民不但有对公共服务的直接表决权,还可以在公共服务项目实施的不同时间参与项目,同时德国鼓励弱势群体成为志愿者,参与公共服务的提供。与德国公用事业市场化路径相类似的国家还有意大利、匈牙利等国。

(3)以政府为主体提供公共服务。第三种类型的公共服务提供主要强调了政府的作用,以日本、新加坡等亚洲国家为代表,各国具体情况又不尽相同。总的来看,尽管20世纪90年代以来,日本政府不断推进以放松管制为主要特征的公共服务领域的改革,但是由于本国的官僚集团和利益集团对公用事业民营化的不同形式的反对,公共服务提供主体依然是政府。进入21世纪,小泉内阁实施了"市场化实验",即首先能够市场化的部分尽量市场化,政府退出可以由私营部门生产和经营的公共服务部分,私营部门无法提供的公共服务由政府提供。2005年,职业培训、国民年金保险征收服务等三大领域八项公共服务,通过竞标委托给民间经营,2006年,与统计调研和大学教育方面相关的内容加入改革内容,专门出台了《关于导入竞争机制改革公共服务的法律》,逐渐形成了严格的程序,成为政府购买公共服务的制度规程。日本对能源、通信、运输、医疗、教育等6000多项服务,进行了规制改革。日本政府所推行的公用事业市场化改革并不是完全的,政府保留了较强的经济干预能力,其公共物品提供机制的改革路径是与日本经济基础以及实际国情相匹配的。生活垃圾处理是政府购买公共服务的典型例子,日本政府采用的模式为:负责垃圾处理的特殊项目公司是政府通过招标成立的,由垃圾处理项目公司与地方政府签订合同,设计、建设并运营垃圾公司,收集并处理当地废弃物。地方政府根据合同规定购买由项目公司处理的废弃物,根据垃圾处理量和处理质量付费。项目公司的收益除了地方政府的垃圾处理付费外,还有废弃物处理发电等其他产品收益。

新加坡在公共服务的提供上，政府占有绝对的主导地位，但也开始主张公共服务的社会化和市场化，重视公共服务的多元化和合作化。新加坡公共服务模式的特点是与其特殊国情相联系的。新加坡国土面积与资源能源有限，是一个以移民为主的国家，其居民中最大的族群是华人，历史上又长期受到西方强国的殖民统治。因此新加坡的公共服务提供既有亚洲特色，又深受西方影响，重视政府从管理者向服务者思想的转变，建立了高素质的公务员队伍，大力推行电子政务的应用，形成了在政府主导下、政府与市场共生的公共服务供给机制，产生了"组屋"等具有鲜明特点的公共服务供给机制。

三、问题和挑战

我国是一个发展中大国，各地区经济社会发展不均衡。现阶段，我国的公共服务供给的主要问题是总量供给不足和结构失衡，与西方发达国家实行公共服务私营化、市场化的物质基础具有明显的区别。

在西方发达国家，政府特别是地方政府实施公共服务私营化、市场化、外包化等政策或模式，是以公共服务供给水平已经处于较高水平为基础的，至于基本公共服务均等化在这些国家早已不成问题。反观我国的情况，一方面，由于长期以来片面重视经济发展而忽视社会发展，重视工业忽视服务业，导致我国的公共服务总体供应不足，不少中小城市基础设施落后，交通基础设施远远落后于社会需要。另一方面，在城乡之间、地区之间居民可能获得的公共服务水平和质量差距还不小，部分大城市的公共服务提供能力和质量都已达到相当高的水平，而在广大的农村，尤其是中西部地区的农村，公共服务供给严重不足。所以，在这种大背景下，实现基本公共服务均等化就成为国家经济和社会发展的重要目标之一。因此，在目前和今后很长一个时期，我国应当在实现基本公共服务均等化的基础上努力推广政府购买公共服务的新模式。这就要求各级政府,尤其是地方政府要把主要精力和资源放在基本公共服务的提供上,使广大城乡居民可以获得公平、优质的公共服务。在积极推进政府购买公共服务的过程中,政府应承担基本公共服务提供的主体责任,主要体现在以下 4 个方面:

(1)要大胆引入竞争机制。由于我国的公共服务供给严重不足,对于可竞争的、具有一定公益属性的公共服务的生产和提供,更需要积极大胆地引入市场竞争,鼓励非公有制企业和市场主体按照合理价格提供这些服务。应当说,在我国实施政府购买公共服务可能比一些发达国家更有用武之地。

(2)要及时制定相关法律法规。要总结各地政府购买公共服务的实践,制定实用有效的管理规范和制度,条件成熟时要上升为行政法规和法律,为政府购买服务提供坚实的法律保障。一些发达国家实施公共服务政府购买的政策往往是立法先行,通过法律对政府服务的合同外包制定严格的规范。对于什么样的机构或者个人可以成为合格供应商,如何确定合同外包的项目,如何披露信息,通过什么方式投标等都制定出明确的法律规范,从而使政府服务外包有序运行,有效运行。王丛虎等学者对如何通过法律手段规范我国的政府购买提出了比较系统的观点,他认为,为使政府购买公共服务规范运转,需要通过法律手段来规范政府购买公共服务的范围、程序以及政府在其中的责任等。当然,要考虑到我国的国情,许多改革措施很难在出台之前制定出严格详细、操作性很强的法律法规或制度,确实存在着先实践后规范的情况。但对于政府购买公共服务这一在某些发达国家已经具有成熟经验的制度或模式来说,先制定一些基本规范后再全面推广实施未必不可行。在这一点上,我们国家可能具有一定的“后发优势”。

(3)要积极培育社会组织。针对我国社会组织在公共服务提供中的缺位现象,非营利组织等社会力量应当发挥更重要的作用。我国的公共服务供给与国外的重要差异在于社会组织角色的缺失。尽管我国拥有一定数量的社会组织,但是相较于我国庞大的人口总量和公共服务缺口,社会组织仍需要进一步发展和壮大,在公共服务的提供中发挥更加重要的作用。总的来说,非营利组织的发展空间还很宽广,我们需要拥有一定数量和规模的社会组织,以满足各个领域内社会志愿服务工作的需求,弥补政府部门和私营部门在公共服务领域的缺陷和不足,真正实现我国公共服务由政府部门、私营部门和社会组织三足鼎立的局面。

(4)要以公众满意为检验标准。政府购买公共服务应始终强调以民为本,以公共利益为导向,有效满足居民公共服务需求。无论一国或一个地区公共服务供给机制采用何种模式,都要从当时、当地实际情况出发,满足当时、当地居民的实际需求,解决实际问题。在公共服务的提供上,要加强公民参与,切实反映民意,切实建立人民满意的公共服务供给机制。

政府购买公共服务,有助于满足公众多层次的需求,提高政府效能,避免政府垄断治理资源大包大揽陷入"塔西佗陷阱",进而改善公共服务质量。同时,我们必须注意到,政府购买公共服务,并不意味着政府责任的削弱,而是政府责任的加重和强化,迫切需要政府提供履职能力和创新履职方式,充分运用市场手段提供高效率、高质量的公共服务。通过政府购买公共服务,使政府由公共服务的"直接生产者"和"直接供应者"转变为公共服务的"管理者"和"发包人",有利于政府更好地发挥宏观规划和监督职能,更好地"掌舵"而不是"划桨",从而提高公共服务能力。

针对不同性质的公共物品与不同特点的提供主体,公共服务市场化也要采取不同的形式。萨瓦斯把公共服务市场化归纳为 10 种形式:政府服务、政府出售、政府间协议、合同承包、特许经营、政府补助、凭单制、自由市场、志愿服务、自我服务。

其中合同承包和特许经营在我国部分城市交通运营中以特许经营协议或授权书的形式进行了尝试,本书将进行详细阐述。

第三节 特许经营理论

特许经营是将政府购买公共服务落地的一个实践性理论。

一、基本概念

特许经营是指政府通过颁发授权书的形式将政府特许权授予经营者,使其在一定时期和范围内提供某项公共产品和公共服务,并准许经营者通过向用户收费或出售产品回收成本并赢得利润,同时,经营者要定期交给政府一定的特许经营费用。

原建设部在《关于印发〈关于加快市政公用行业市场化进程的意见〉的通知》(建城〔2002〕272 号)》中定义,“市政公用行业特许经营制度是指在市政公用行业中,由政府授予企业在一定时间和范围对某项市政公用产品或服务进行经营的权利,即特许经营权。政府通过合同协议或其他方式明确政府与获得特许权的企业之间的权利和义务。”该文件同时明确了市政公用行业实施特许经营的范围包括“城市供水、供气、供热、污水处理、垃圾处理及公共交通等直接关系社会公共利益和涉及有限公共资源配置的行业。”特许经营权的获取可以通过直接授予或招投标的方式实现,通常提倡采用招投标的方式,因为直接授予制度往往会导致寻租行为和官员腐败,而采用招投标可以尽可能地减少权力寻租和社会福利损失。

世界银行曾对特许经营的含义做出宽泛意义上的概括：特许经营本质上是在法律框架结构下，市场经济中各企业从政府规制部门获得行政许可权的行为，目的是为了获取在其生产领域的支配地位，专门提供产品和服务。特许经营的实质是政府代表民意把社会公共资源市场化和货币化，从而实现效益最大化。政府特许经营特别适合于油气勘探开发、交通等可收费公共物品的提供。这种方式不仅能够提高企业提供公共服务的自主性，有益于公共服务效益的提高，同时政府也可以从中取得一定收益，实现合同双方双赢。

国际特许经营协会对特许经营给出了如下定义：特许经营是特许人与受许人之间的一种契约关系。根据契约，特许人向受许人提供一种独特的商业经营特许权，并给予人员训练、组织结构、经营管理、商品采购等方面的指导与帮助，受许人向特许人支付相应费用。世界知名民营化理论专家萨瓦斯认为，特许经营根本上是为了提供服务所做的一种制度设计，在该制度设计下具体表现为两种形式；一种特许具有排他性，又称场域特许，一种特许具有非排他性，又称混合特许。

特许经营的基本原则包括以下 3 个方面：

①互惠互利原则：特许经营必须以双方都获利为基础，单方有利或双方权利义务关系的失衡势必导致特许经营体系的瓦解；

②规范化管理原则：特许经营体系要求加盟店的经营管理模式与特许人的相同，且其产品和质量标准也必须统一；

③开放原则：发展特许经营应建立开放的市场环境，冲破行业、部门、区域、所有制等的限制。

原建设部在《关于印发〈关于加快市政公用行业市场化进程的意见〉的通知》（建城〔2002〕272 号）中规定：

(1)城市人民政府负责本行政区域内特许经营权的授予工作。各城市市政公用行业主管部门由当地政府授权,代表城市政府负责特许经营的具体管理工作,并行使授权方相关权利,承担授权方相关责任。

(2)市政公用行业主管部门要进一步转变管理方式。从直接管理转变为宏观管理,从管行业转变为管市场,从对企业负责转变为对公众负责、对社会负责。

市政公用行业主管部门的主要职责是认真贯彻国家有关法律法规,制定行业发展政策、规划和建设计划;制定市政公用行业的市场规则,创造公开、公平的市场竞争环境;加强市场监管,规范市场行为;对进入市政公用行业的企业资格和市场行为、产品和服务质量、企业履行合同的情况进行监督;对市场行为不规范、产品和服务质量不达标和违反特许经营合同规定的企业进行处罚。

(3)市政公用产品和服务价格由政府审定和监管。应在充分考虑资源的合理配置和保证社会公共利益的前提下,遵循市场经济规律,根据行业平均成本并兼顾企业合理利润来确定市政公用产品或服务的价格(收费)标准。

(4)市政公用企业通过合法经营获得的合理回报应予保障。若为满足社会公众利益需要,企业的产品和服务定价低于成本,或企业为完成政府公益性目标而承担政府指令性任务,政府应给予相应的补贴。

二、政府和企业的关系定位

特许经营是目前我国城市公共交通运营管理模式改革的主要形式,也是引入市场机制的代表性制度。

在特许经营体系中,政府改变了由自己直接设定价格并提供公共交通服务的角色在。在机制上,除政府和公众外,出现了第三方企业。受政府委托企业作为公共服务提供商而存在，这种市场化改革不改变政府对公众的服务责任。

(一)城市公共交通特许经营的概念分析

城市公共交通企业的经营管理与道路运输企业管理有相当多的共同点。但由于城市公共交通企业的行业特殊性和在国民经济中的基础作用，它的管理具有其特殊性和复杂性。因此，本书主要从法理的角度去分析城市公共交通特许经营的概念，根据法律法规、部门规章等规定，明确特许经营、行政许可、招投标、拍卖、竞争性谈判等概念，从而总结出城市公共交通特许经营的概念。

1. 法律法规依据

全国人民代表大会常务委员会于 1999 年 8 月 30 日通过的《中华人民共和国招投标法》(以下简称《招投标法》)，对招投标的形式及要求等做出了规定。第十条规定，“招标分为公开招标和邀请招标”。第二十八条规定，“投标人少于 3 个的，招标人应当依照本法重新招标”。

中华人民共和国第十届全国人民代表大会于 2003 年 8 月 27 日通过的《中华人民共和国行政许可法》(以下简称《行政许可法》)，对行政许可的定义及适用范围等做出了规定。第二条规定，“本法所称行政许可，是指行政机关根据公民、法人或者其他组织的申请，经依法审查，准予其从事特定活动的行为”。第三条规定，“行政许可的设定和实施，适用本法。有关行政机关对其他机关或者对其直接管理的事业单位的人事、财务、外事等事项的审批，不适用本法”。第十二条规定，“下列事项可以设定行政许可：直接涉及国家安全、公共安全等特定活动，需要按照法定条件予以批准的事项；公共资源配置以及直接关系公共利益的特定行业的市场准入等，需要赋予特定权利的事项；提供公众服务并且直接关系公共利益的职业、行业,需要确定具备特殊信誉、特殊条件或者特殊技能等资格、资质的事项”。

第十三条规定,“通过下列方式能够予以规范的,可以不设行政许可:公民、法人或者其他组织能够自主决定的;市场竞争机制能够有效调节的;行业组织或者中介机构能够自律管理的;行政机关采用事后监督等其他行政管理方式能够解决的”。

中华人民共和国第十届全国人民代表大会常务委员会于2004年8月28日通过的《中华人民共和国拍卖法》中第三条规定,“拍卖是指以公开竞价的形式,将特定物品或者财产权利转让给最高应价者的买卖方式”。第十条规定,“拍卖人是指依照本法和《中华人民共和国公司法》设立的从事拍卖活动的企业法人”。第二十五条规定,“委托人是指委托拍卖人拍卖物品或者财产权利的公民、法人或者其他组织”。

中华人民共和国全国人民代表大会常务委员会于2002年6月29日通过的《中华人民共和国政府采购法》中第三十八条规定,“采用竞争性谈判方式采购的,应当遵循下列程序:(一)成立谈判小组。谈判小组由采购人的代表和有关专家共3人以上的单数组成,其中专家的人数不得少于成员总数的三分之二。(二)制定谈判文件。谈判文件应当明确谈判程序、谈判内容、合同草案的条款以及评定成交的标准等事项。(三)确定邀请参加谈判的供应商名单。谈判小组从符合相应资格条件的供应商名单中确定不少于3家的供应商参加谈判,并向其提供谈判文件。(四)谈判。谈判小组所有成员集中与单一供应商分别进行谈判。在谈判中,谈判的任何一方不得透露与谈判有关的其他供应商的技术资料、价格和其他信息。谈判文件有实质性变动的,谈判小组应当以书面形式通知所有参加谈判的供应商。(五)确定成交供应商。谈判结束后,谈判小组应当要求所有参加谈判的供应商在规定时间内进行最后报价,采购人从谈判小组提出的成交候选人中根据符合采购需求、质量和服务相等且报价最低的原则确定成交供应商,并将结果通知所有参加谈判的未成交的供应商”。

2. 地方法规的相关规定

各地方人大出台的市政公共事业特许经营条例对公共事业特许经营做出了相关规定。各条例对于公共事业特许经营的定义基本相同,但定义中关于特许经营方式的规定并不明确。例如:

新疆维吾尔自治区第十届人民代表大会常务委员会于2005年1月7日通过的《新疆维吾尔自治区市政公用事业特许经营条例》中第三条规定,“本条例所称特许经营活动,是指特许人根据城市人民政府确定的特许经营项目,通过招标等方式,允许特许经营者在一定期限和范围内从事市政公用事业投资、建设、运营,向社会提供市政公用产品和服务,并取得合理收益的行为。本条例所称特许经营者,是指依法取得特许经营权的企业法人、自然人或者其他经济组织。本条例所称特许人,是指根据城市人民政府授权,依法做出特许经营决定的市政公用事业主管部门”。

湖南省第十届人民代表大会常务委员会于2006年5月31日通过的《湖南省市政公用事业特许经营条例》中第二条规定,“本条例所称市政公用事业特许经营,是指政府通过招标等公平竞争方式,许可特定经营者在一定期限、一定地域范围内经营某项市政公共产品或者提供某项公共服务”。第十四条规定,“同一地域范围内的同一行业市政公用事业特许经营权,应当授予两个以上的经营者;但因行业特点和地域条件的限制,无法授予两个以上经营者的除外”。

贵州省第十届人民代表大会常务委员会于2007年11月23日通过的《贵州省市政公用事业特许经营管理条例》中第三条规定,“本条例所称市政公用事业特许经营，是指有权授予特许经营权的政府按照有关法律、法规规定，通过市场竞争机制选择市政公用事业投资者或者经营者，授权其在一定期限和范围内经营某项市政公用事业产品或者提供某项服务的制度”。第十六条规定，“特许经营权授权主体依照相关法律、法规的规定不能确定特许经营者的，可以采取符合国家规定的其他方式确定特许经营者，但是特许经营项目所涉及的土建工程及重要设备应当按照招标投标的法律、法规执行”。

青海省第十一届人民代表大会常务委员会于2009年7月31日通过的《青海省市政公用事业特许经营管理条例》中第二条规定，“本条例所称市政公用事业特许经营，是指政府按照有关法律、法规的规定，通过市场竞争机制选择市政公用事业投资者或者经营者，明确其在一定期限和范围内经营某项市政公用事业产品或者提供某项服务的制度”。

浙江省第十届人民代表大会常务委员会于2007年3月29日通过的《杭州市市政公用事业特许经营条例》中第三条规定，“本条例所称市政公用事业特许经营，是指市政府依法通过市场竞争机制选择市政公用事业投资者或者经营者，明确其在一定期限和范围内经营某项市政公用产品或者提供某项服务的制度”。第十一条规定，“对于特别复杂的市政公用特许经营项目，采用招标方式无法确定特许经营者的，可以采用招募方式确定特许经营者。市政府或者其授权的部门应当将拟授权经营的项目进行公告，并向不少于两个申请人发出邀请，通过审慎调查和意向谈判，确定经营者候选人，提交专门设立的评审委员会确定优先谈判对象，通过谈判确定经营者”。

深圳市第四届人民代表大会常务委员会于2005年9月2日通过的《深圳市公用事业特许经营条例》中第二条规定，“本条例所称公用事业特许经营，是指深圳市人民政府通过公平竞争方式确定的公用事业特许经营者，在特定范围和期限内从事某项公用事业经营活动”。第九条规定，“通过招标、拍卖等方式不能确定经营者的，市政府也可以采取招募方式确定经营者。前款所称招募，是指市政府将拟授权经营的公用事业公告后，由市政府或者其委托的机构向申请人发出邀请，通过审慎调查和意向谈判，确定经营者候选人，提交专门设立的评审委员会确定优先谈判对象，通过谈判确定经营者”。

3. 部门规章的相关规定

国务院于2015年4月通过的《基础设施和公用事业特许经营管理办法》中对基础设施和公用事业领域特许经营的定义及相关事项做出了规定。其中第二条规定：“中华人民共和国境内的能源、交通运输、水利、环境保护、市政工程等基础设施和公用事业领域的特许经营活动，适用本办法”。第三条规定：“本办法所称基础设施和公用事业特许经营，是指政府采用竞争方式依法授权中华人民共和国境内外的法人或者其他组织，通过协议明确权利义务和风险分担，约定其在一定期限和范围内投资建设运营基础设施和公用事业并获得收益，提供公共产品或者公共服务”。

4. 地方政府规章的相关规定

各地方政府通过的市政公用事业特许经营管理办法对公共事业特许经营做出了相关规定。具体规定如下：

《河北省市政公用事业特许经营管理办法》中第二条规定，“本办法所称市政公用事业特许经营，是指城市政府通过特定的程序和方式，授权符合条件的企业，在一定时间和范围内对某项市政公用事业产品或服务进行经营的权利”。第九条规定，“主管部门可以采取招标或法律、法规、规章规定的其他方式，公平、公正地将某项市政公用事业的特许经营权授予符合条件的申请者，并与被授予特许经营权的企业签订特许经营合同”。第十条规定，“现有的国有市政公用企业，应在完成规范性企业改制的基础上按规定的程序申请特许经营权。在没有其他竞争主体的竞争情况下，主管部门也可采取直接委托的方式授予特许经营权，并与受委托企业签订特许经营合同”。

《深圳市公用事业特许经营办法》中第二条规定，“本办法所称公用事业特许经营是指市政府特别授权许可符合条件的企业或其他组织在一定时间和范围内经营某项公用事业”。第八条规定，“授权主体可以采取招标、招募或法律、法规、规章规定的其他方式，公平、公正地将某项公用事业的特许经营权通过颁发《深圳市公用事业特许经营授权书》的形式授予符合条件的申请者”。第十条规定，“本办法所称招募，是指授权主体将拟授权经营的公用事业公告后，授权主体或其委托的中介机构向申请者发出邀请，通过审慎调查和意向谈判，确定经营者候选人，提交评审委员会确定优先评判对象，通过谈判确定被授权人”。

《武汉市市政公用事业特许经营管理办法》第二条规定，“本办法所称市政公用事业特许经营，是指市人民政府按照有关法律、法规的规定，通过市场竞争机制选择市政公用事业投资者或者经营者，明确其在一定期限和范围内经营某项市政公用事业产品或者提供某项服务的制度”。第九条规定，“特许经营权应当通过招投标的方式授予”。

《天津市市政公用事业特许经营管理办法》中第二条规定，“本办法所称市政公用事业特许经营，是指市人民政府按照法定程序和招标方式，确定符合条件的投资者或者经营者，在一定期限和范围内经营某项市政公用事业产品或者提供服务”。第八条规定，“特许经营者通过公开招标方式确定”。

《兰州市市政公用事业特许经营管理办法》中第二条规定，“本办法所称市政公用事业特许经营是指市人民政府按照有关法律、法规和规章规定，通过市场竞争机制选择市政公用事业投资者或者经营者，明确其在一定期限和范围经营某项市政公用事业产品或提供某项服务的制度”。第九条规定，“建设行政主管部门应当采取招标或者法律、法规、规章规定的其他方式，公平、公开、公正地选择市政公用事业的特许经营者”。

《邯郸市市政公用事业特许经营管理办法》中第二条规定，“本办法所称市政公用事业特许经营，是指政府按照有关法律、法规规定，通过市场竞争机制选择市政公用事业投资者或者经营者，明确其在一定期限和范围内经营某项市政公用事业产品或者提供某项服务的制度”。第八条规定，“市政公用事业实施特许经营，应该通过规定的程序公开向社会招标选择投资者和经营者”。

（二）城市公共交通特许经营的概念分析

从以上对法律法规、部门规章以及地方政府规章的研究分析可见，城市公共交通特许经营是指政府按照有关法律、法规规定，坚持公平、公正的原则，通过招投标、直接授予等方式选择公共交通事业投资者或者经营者，明确其在一定期限和范围内经营公共交通事业产品或者提供服务的经营模式。

在城市公共交通事业改革中采用的特许经营方式与普通意义上的商业特许经营方式有所区别，主要是前者的特许人不是自然人或者任何法人，而是政府。特许经营权是政府授予企业在某一生产领域的专有生产垄断权。政府如何给予企业这种权利，即授予的方式是规制政策的焦点。企业获得政府授予的垄断性的特许专营权，一段时间后往往会导致由于缺乏有效的同类企业竞争，在位企业没有自主提高生产效率的动机,从而使社会资源得不到合理配置。为缓和与解决这一内在弊端,很早以前就开始使用的一个方法是在政府规制中通过拍卖等形式,人为引入竞争机制,让多家企业自由公平地竞争特许经营权。在特许经营期到期之后再通过拍卖或投标方式把新的特许经营权授予新的特定企业。特许经营权延续之后,新企业获得的特许经营权并不是永久不变的,而是有一定的期限。在这种制度下,政府在提供公共交通等公益性服务时,可将运营权转交到投标价格低、服务质量有保障的优秀企业手中,授予其在公共服务中的特许经营权,促进帕累托最优的形成。

(三)城市公共交通特许经营的国际经验

法国在城市公共交通的特许经营领域有很多很好的经验值得借鉴。主要表现在法国政府不仅注重发挥大公司特别是国营大公司在公共交通市场的主导作用,更极其注重发挥政府在公私合作中的作用。法国公共交通领域无论是国有公司还是私营公司,无一例外都采用与其城市交通主管部门签订合同的方式运营。主管部门一般都由几个不同级别的政府机构代表组成,如市政府、大区等,在首都巴黎还有国家部门的参与。合同中规定,主管部门负责制定总体交通政策,确定服务水平。由于投资大、成本高、社会性强、票价低,所以无论投资还是运营都需要政府资金的参与,这在世界其他国家也有类似情况。

专栏 2-1　法国城市公共交通特许经营

从政策理念上看,自 19 世纪中叶以来,法国一直试图将为全民利益服务的需求与私人融资的利益综合考虑,而不是简单地将某些商业服务私有化,也因此形成了在整个 20 世纪盛行的公私合营的制度。建立这一制度的法律基础就是实施特许专营。从法律上来讲,特许专营合同是一种法律合同,这意味着私有方受限于某些义务和职责,该义务和职责均源于公共设施或服务的要求,即设施服务不得中断且应为人人可平等获得。所以,法国的特许专营模式是国家单方面授予私有运营企业权利,政府并非将提供服务的责任转嫁给私营部门,而只是在一个特定的期限内根据某些条件,将该责任特许给私营部门。若公共利益未得到适当满足,则政府保留撤销该特许的权利。特许专营权人自担风险,融资、建设和运营公共设施。除非出现经济困难的情况,否则特许专营权人承担所有的盈利风险和投资回报风险。

作为补偿,特许经营权人长期享有独占权,并不受政府的干涉。根据"不可预见事件"理论,当特许经营权人遭受意外情况引起经济困难时,特许人须给予特许经营权人协助,也就是说特许经营权人会得到国家的财政援助,以使其能继续为公共利益完成公共设施建设或保证正常运营。它是维护公共利益政策的一项原则。但该财政援助不得超过为设施运行所需的严格费用(运营成本、维护费用、融资费用等),即利润是不受保护的。同时为了与合作理念相符,很多项目都获得了国家在建设成本方面的财政支持,或给予了最低收入担保方面的财政支持。

需要注意的是,在法国公共交通领域,所谓的国家的"私营"合作伙伴多数情况下是完全由国有实体或金融机构拥有或控制的私有法律实体,这些国有实体或金融机构在募集私有资金时,完全由国家为其担保。真正的委托给纯粹的私营利益团体而没有国家的支持或担保的实体在法国并不多见。

在法国历史上，公共交通的公私合营方式是多种多样的。如特许一家私营公司负责建设和维护，租赁给一家国有运营企业运营；或完全由国家投资并运营（巴黎）；或特许一家私营公司负责融资、建设和运营（图卢兹），或特许一家国有私营混合企业，市政府是大股东，但公司如私营公司一般动作；或国家投资私人运营等。

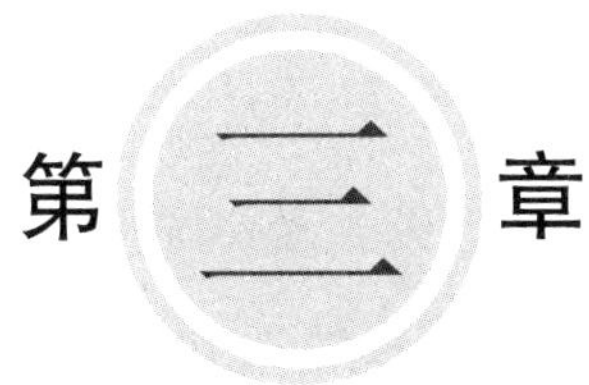

第三章 城市常规公共汽电车运营管理模式

城市公共汽电车是城市公共交通运输的主要工具，相对于轨道交通而言，有着更悠久的发展历程，在其发展过程中形成了各具特色的运营管理模式，也正面临着运营管理模式改革的方向选择问题。本章将从发展历程回顾、主要模式解构、国际经验对比、存在问题分析等方面对我国城市常规公共汽电车的运营管理模式进行分析研究。由于城市快速公共汽车(BRT)系统在我国起步较晚，且相对于常规公共汽车和无轨电车而言，其运营管理模式独具特点，本书将设置专门章节对其进行分析。

第一节　我国城市常规公共汽电车运营管理模式改革历程

一、发展阶段回顾

我国城市常规公共汽电车的运营管理模式改革与常规公共汽电车企业改制的步伐相伴随，大致经历了四个历史阶段：

第一阶段：开始起步阶段(新中国成立初期—1978年)。从新中国成立初期到中国共产党的十一届三中全会之前，城市公共交通属于国有公用事业，由国有的汽车公司运营。城市公共交通服务完全依赖政府供给，政府通过补贴国有企业的形式供给公共交通服务。到20世纪70年代末各种现代公共交通问题开始凸现。人们更多地涌向城市，给城市公共交通带来了不可避免的巨大压力，公共汽车运力不足、车辆设计不合理、交通法规和设施不健全等问题开始变得尖锐。该阶段公共交通运营的所有成本都来自于政府补贴。国营公共汽电车企业缺乏竞争机制,使得企业本身没有改善经营管理、降低运营成本和提高经济效益的积极性。所有这一切导致了我国城市的公共汽电车企业亏损严重,车辆老化、破旧,人员庞杂,每年依赖政府数以千亿计的运营补贴方能低效率地运转。

第二阶段:改革探索阶段(1979—1994年)。党的十一届三中全会召开后,社会经济发展加速,公共汽电车企业逐步开始更新观念、加快发展,一改过去仅靠政府有限的财力投资购车的单一方法,通过贷款、分期付款、广告经营权转让和融资租赁等多渠道筹资购置车辆,以及通过设立有限责任公司、实施资产置换、吸纳民营资本和外资投入等运作形式,最大限度地优化、改造老线,新增车辆,开辟新线。

1985年4月,国务院批转当时的城乡建设环境保护部提出的《关于改革城市公共交通工作的报告》(以下简称《报告》),要求各地结合本地情况贯彻执行。《报告》中提出"改变城市公共交通独家经营的体制,实行多家经营,统一管理",主要是为解决公共交通乘车难的问题,想引进一些民营资本,搞活城市交通。《报告》对当时国有独营的公共交通体制存在的弊端表述得直截了当:"(一)客流量增长过快,现有车辆不能适应需要;(二)现运行票价过低,三十年来未作调整,月票价格长期低于成本30%至70%;(三)企业负担过重;(四)前后方设施比例失调,车辆折旧年限长,车辆失修严重;(五)道路建设跟不上车辆增长需要,交通管理设施落后"。

为了逐步改变这一状况,《报告》认为"必须根据公共交通的实际情况,加快改革步伐,把城市公共交通搞活"。而要搞活,则必须放开公共交通市场,实行多家经营,调动各方面办交通的积极性。正是在这一文件精神的指导下,公共交通行业搭上了市场经济的顺风车。虽然《报告》

里也指出要"以国营为主,发展集体和个体经营",但事实上,在许多地方,民营资本大规模进入公共交通行业,其所占比重超过国有资本的情况并不少见。许多城市迅速出现了大量形形色色的公共交通公司,有的地方甚至多达上百家。

20 世纪 90 年代是公共交通体制改革中著名的国退民进阶段,民营资本快速进入公共交通市场,对公共交通市场的影响很大。十堰、温州、无锡、南京等城市在这一阶段相继开展了公共交通市场化改革,组建成立了负责公共交通运营的民营企业、合资企业。许多地方中巴个体、承包、挂靠等经营方式并存。

第三阶段:多种所有制探索阶段(1995—2006 年)。由于 20 世纪 90 年代以来,公共汽电车企业从全公益性事业转变为自负盈亏的企业,资本的逐利性促使企业盲目追求客流较多的线路,砍掉客流稀少的冷门线路,实际上损害了一部分乘客利益,降低了企业整体服务水平。另一方面,由于政府补贴对民营企业、合资企业覆盖不均,迫使这些企业对运营成本实施严格控制,导致驾驶员为了减少油耗违规超车、违法并道、闯红灯等,造成了道路交通伤亡事故的多发,影响了行业的健康发展。

2004 年,原建设部发布《关于优先发展城市公共交通的意见》,其中将城市公共交通明确定位为"关系国计民生的社会公益事业"。而关于公共交通行业改革的说法则由"搞活"变成了"国有主导、多方参与、规模经营、有序竞争"。2005 年,国务院办公厅同意并转发原建设部等部门《关于优先发展城市公共交通的意见》,其中强调,"在实施特许经营的过程中,要防止片面追求经济收益,盲目拍卖出让公共交通线路和设施经营权,严禁将同一线路经营权重复授予不同经营者。对经营恶化、管理混乱、安全生产隐患严重的企业,要依法收回特许经营权"。"规模经营"暗示了整合,"国有主导"则指明了方向。许多地方似乎嗅到了再次改革的讯号。

第四阶段:公益回归阶段(2006 年至今)。经历了第三阶段的“放”,城市公共交通市场普遍存在的管理混乱、盲目逐利、安全事故多发等问题,引起了社会各界的广泛关注和深入反思。于是,正如当年轰轰烈烈地放开市场一样,一场轰轰烈烈的市场整合开始了。在这一阶段,各地逐步开始思考如何重塑城市公共交通的公益性定位,而不是从盈利性入手,并开始着手兼并重组公共交通企业,特别是2008 年大部制改革,指导城市公共交通的职能划归交通运输部门后,各地陆续实行了城市公共交通行政体制改革。

二、主要发展特点

在城市常规公共汽电车企业方面,重点是通过恢复国有或国有控股企业为主体的局面来恢复公共交通的公益性。主要呈现以下特点:

(1)国有或国有控股企业形成事实垄断的局面。2012 年,全国中心城市中石家庄、南昌、呼和浩特、银川、拉萨只有一家国有公共汽电车企业;郑州、济南、杭州、武汉、贵阳的公共汽电车车辆国有化率超过 90%;兰州、合肥、成都、南京、海口、福州等地区的公共汽电车车辆国有化率在 70% ~85%之间。已经完成改制的太原等地成立了国有控股的公共交通集团,在公共交通市场占据主导地位。太原公共交通控股(集团)有限公司运营线路已超 140 条,占据太原总运营线路的 90% 以上。这些国有全资或控股的企业虽然已经“去行政化”,但是仍带有较浓厚的行政色彩,在很多大城市,其董事长、总经理的行政级别为正局级,高于城市公共交通管理部门(很多地方的公共交通管理部门为正处级单位),不利于理顺公共交通管理机制体制。

2006 年,大连整合 10 家公共交通企业的资源成立了大连市公共交通集团,改变企业分散独立经营的格局,为大连公共交通实现统一规划、集约经营、整合资源、深化改革搭建平台和创造了条件。东部地区的南京,原有7家公共交通企业,多种所有制并存,2013年,南京市公共交通集团有限公司与港股控股的雅高巴士集团签订协议,从7家公共交通企业合并为1个国有公共交通集团下属3家公司,完成了对公共交通市场的改制。虽然已经经过公共交通市场化改革,改制后的公共交通企业实行公司制运营,但是大多数企业在亏损运营的背景下仍严重依赖于政府补贴,按照政府行政指令从事相关公益性、指令性运营任务。企业内部的运作坚持了公益性的主体定位,中央政府和城市政府对公共交通运营给予一定的补贴,特别是2008年油价上涨以来中央政府给予的燃油消耗补贴对弥补企业因燃料成本上涨带来的亏损显得尤为重要。

专栏3-1　武汉以国有公共交通为主体

武汉是华中地区的重要交通枢纽,世界第三大河长江及其最大支流汉江横贯市区,将武汉一分为三,形成武昌、汉口、汉阳跨江鼎立的格局。原有公共交通企业6家。经过二十多年的探索实践,武汉市在公共交通改革、管理、运营、建设等方面积累了丰富的经验,取得了积极的成效。1994年武汉公共交通引进港资,率先采用多元投资模式,成立武汉通恒公汽客运服务有限公司这一港资控股企业(港资占55%),引进香港的现代企业经营理念和管理经验。2003年,武汉公共交通体制改革将个体经营收归国有,采取规模化经营模式,从组织结构、资源和产权、线路布局、车辆配备等方面对公共交通资源进行彻底整合,成立了武汉市公共交通集团有限责任公司这一国有独资公司。

(2)多种所有制经营主体多、规模效应不足。调研发现,目前我国中部地区许多城市还存在公共汽电车经营主体多、规模小的问题。据不完全统计,西安公共汽电车车辆国有化率约为63%,上海、乌鲁木齐约为56%,而哈尔滨、南宁、天津、长沙的比例在40%~50%之间。广州、西宁、沈阳、昆明、太原等地的国有控股、多种所有制并存的公共汽电车企业格局已经建立,其中广州公共汽电车行业有约16家有限责任公司占据车辆市场份额约55%;昆明9家有限责任公司的车辆份额约占89%(图3-1)。湖南省公共汽电车企业中民营企业约占55%,长沙、湘潭、耒阳等地市场经营主体多达8家,部分企业经营规模小而分散,管理成本高,行业的规模化、集约化经营模式还未形成。资本的逐利性与城市公共交通的公益性之间的矛盾在一定程度上导致了公共交通行业的无序竞争和资源的浪费,造成政策难执行、管理难到位、矛盾难协调、线路难

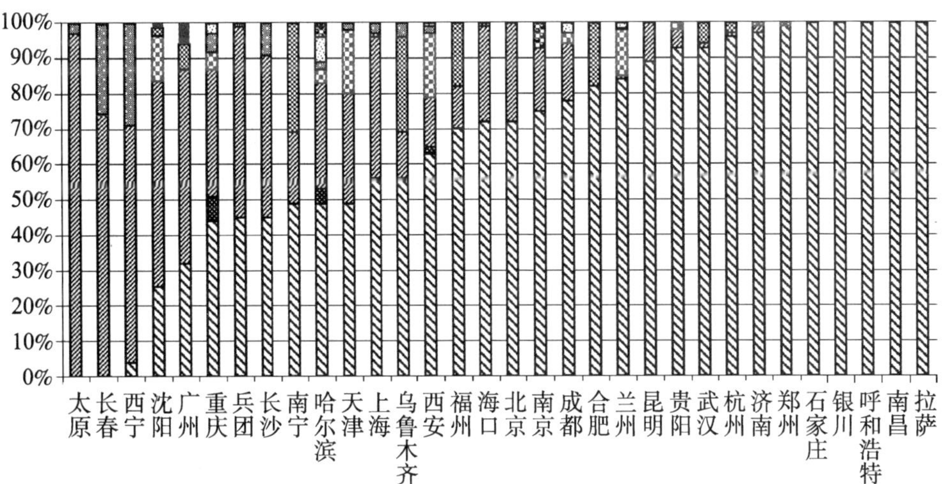

图3-1 2012年我国中心城市不同所有制公共汽电车企业运营车辆数分布

优化、服务难提升。由于很多地方政府对民营或外资控股的公共汽电车企业在场站运营、车辆购置、票价补贴等领域实行双重标准，导致这些企业运营的成本风险更大，一定程度上设置了进入市场的壁垒。部分企业采取了相对高票价的运营策略，来弥补成本亏损。例如，长沙市公共交通票价为2元，在全国来看是比较高的，这也在一定程度上保证了长沙市公共汽电车企业的微利运营。

(3)部分城市实行了特许经营权改革。特许经营权改革前，深圳市公共汽电车企业数量多、规模小，经营秩序较为混乱，服务质量差，严重阻碍了深圳市公共汽电车行业的发展，难以满足城市的发展需求和居民的出行需求。2007年3月，深圳市出台了《公共汽电车行业特许经营改革工作方案》，正式启动了公共汽电车行业特许经营改革工作，历时近4年，公共汽电车特许经营改革总体目标基本实现，将全市38家公共汽电车企业整合为3家特许经营企业。改革后，深圳市公共汽电车行业发展迅速，成果显著。

(1)公共汽电车服务水平整体提升，公共汽电车覆盖率快速提高。随着公共汽电车资源的整合，在基于成本规制的补贴制度保障下，深圳公共汽电车运营车辆的数量和质量显著提升，公共汽电车营运线路及营运里程大幅增加，公共汽电车覆盖率快速提高，公共汽电车年客运量由2006年的14.18亿人次增至2011年的22.37亿人次，增幅达58%。

(2)深圳市公共汽电车的公益性属性得以强化，民生保障力度日益加大。深圳市政府2007年实行了低票价政策，主要包括两方面的内容：一方面降低基准票价，另一方面给予刷卡打折优惠和换乘优惠（包括学生、老人、优抚对象等特殊人群），平均降幅达到25%，2008—2011年刷卡优惠补贴直接补贴市民金额达22亿元人民币。为体现“绿色大运”、

“环保大运”，倡导“绿色出行”、“公共汽电车优先”，深圳市还推出了赛事观众、赛会志愿者等免费享用公共交通服务的政策，有力保障了大运会等重要赛事的成功举办。

(3)公共汽电车行业管理更加规范透明。全市公共汽电车企业由原来38家整合为3家国有股份占主导的股份制企业，并实行专业化运营、规模化经营的区域专营管理，解决了以个人承包线路为主导的混乱经营秩序，实现公司化、专业化、规模化经营；杜绝了原先各线路为争抢客源而导致的负面影响，基本形成“规范化、规模化、集约化”的公共汽电车行业发展模式。

(4)政府对公共汽电车行业监管更加有效。在成本规制的基础上，政府对公共汽电车企业的服务质量进行考核，并将考核结果与成本规制结合起来确定财政补贴金额，通过成本规制与服务质量考核的挂钩，更好地激励公共汽电车企业提供优质的公共汽电车服务水平。

三、主要案例分析

1.案例一——株洲促进公共交通产权多元化

1994—1997年，株洲公共交通陆续完成对三产辅营的剥离改制；1996年年底与上海巴士股份合作，组建全国公共交通行业第一家跨省域联合式企业——株洲公共交通巴士股份有限责任公司；2002年与青岛公共交通集团、长沙公共交通总公司合作组建株洲公共交通发展股份有限公司，形成公司集团统一管理与调控、两家主营子公司合理有序竞争的战略格局。株洲公共汽电车形成了以国有经济为主体，多种经济成分共同参与的城市公共交通经济结构以及多产业、多法人的经营格局，成为全国少数几家连年盈利的知名公共汽电车企业。

2. 案例二——重庆成立国有公共交通控股公司

2002 年,重庆整合国有公共交通企业经营资产,改革现行国有公共交通企业经营管理体制。以资产为纽带,组建国有控股的重庆市公共交通控股(集团)有限公司(以下简称公交集团公司),行政隶属于重庆市交通委员会(公交集团公司主要领导干部按副厅级干部对待)。即按现代企业制度的要求,将现有第一、二、三、五公共交通公司、电车公司和与公共交通经营相关的物资公司、站场公司、客车总厂等国有独资公共交通企业及其投资控股、参股企业(重庆冠忠第三公共交通公司、重庆冠忠〈新城〉公共交通公司)中的国有资本整合,注册成立重庆市公共交通控股(集团)有限责任公司,主要从事资产管理、资本运作,不直接参与公共交通企业客运经营活动。公共交通集团公司管理的公共交通客运企业,覆盖了主城核心区(外环高速公路以内的区域)全部营运线路,承担了该区域日均汽车客运总量(305 万人次)的(305 万人次)88.5%[1]。

同时,重庆积极实施公共交通综合体制改革,加快了公共交通行业国有资产重组和资产多元化步伐,以资产管理为核心的经营管理体制初步建立,确保了员工就业和稳定,解决了退休职工的养老和医疗保障。公共交通集团公司还大规模开展了线网优化、车辆更新、IC 卡推行和站场设施建设等工作,为解决社会公众出行难和完成政府安排的应急疏散任务发挥了主力军作用。与此同时,社会客运企业经过分步调整、规范,营运秩序、服务质量有较大改善,承担了主城核心区日均汽车客运总量的 11.5%,在改革中得到规范和发展,为解决社会就业做出了贡献,给主城区客运市场注入了活力。

---

[1]数据来源:《重庆市人民政府关于改革主城区公共交通汽车客运营运与管理体制的决定》(渝府发〔2006〕123 号)。

第二节　不同类型城市常规公共汽电车企业运营管理模式现状

一、主要模式划分

目前，我国城市公共汽电车企业所有制形式主要有以下 4 个模式：

① 1 家国有企业或国有控股企业垄断市场（银川模式）；

② 2～3 家企业，国有企业占主体地位（武汉模式）；

③ 4～8 家企业，国有企业占主体，多种所有制并存（长沙模式）；

④ 8 家以上企业，有限责任公司与国有企业分庭抗礼（广州模式），如图 3-2 所示。

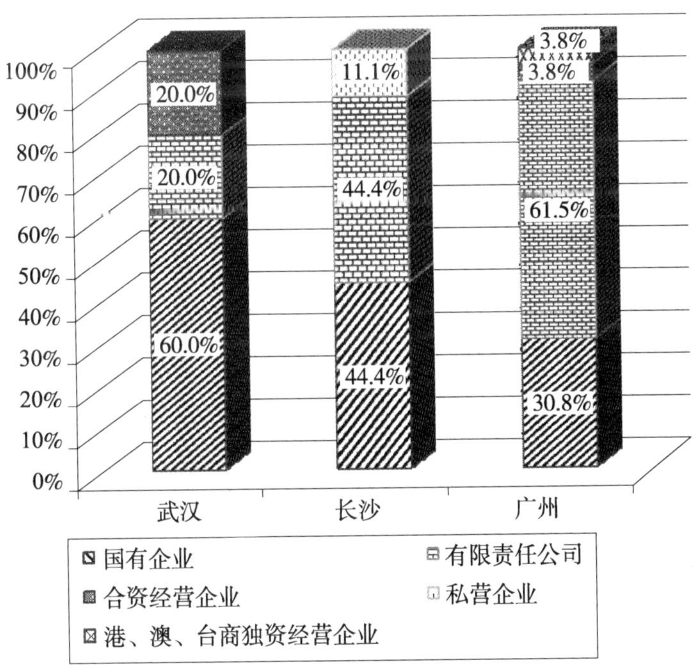

图 3-2　2012 年武汉、长沙、广州的公共汽电车企业数及所有制构成比例

我国各类城市公共汽电车企业的运营管理模式主要有：

①特许经营、政府补贴、合同管理、考核兑现（深圳模式）；

②区域特许经营（重庆模式）；

③定额补贴、票运分离、共同监管（佛山 TC 模式）；

④政府补贴、市场运作、考核兑现（广州模式）。

二、模式案例解析

1. 模式一——深圳模式

深圳是中国经济发展水平最高的城市之一，截至 2013 年年末，市区人口为 1054.74 万人，公共汽电车运营线路 881 条，运营线路总长度 19087km。在特区建设过程中，逐渐形成了带状组团的城市空间结构格局，未来将形成“双中心八组团”的城市发展新格局。深圳市政府于 2007 年印发了《深圳市公交行业特许经营改革工作方案》（深府〔2007〕165 号），推动公共汽电车特许经营权改革，并以东西部公共汽电车企业成立为标志拉开了实质性改革的帷幕。2007 年，深圳市东部公共交通有限公司（以下简称东部公司）和深圳市西部公共汽车有限公司（以下简称西部公司）被授予特许经营权，经营期限为 20 年，其中东部公司主要负责龙岗区的公共汽电车运营服务，西部公司主要负责宝安区的公共汽电车运营服务。东、西部公共汽电车企业取得特许经营权后，包括深圳市巴士集团在内深圳共有 3 家特许经营企业，其余非特许经营企业按计划将在 2008 年年底前通过整合、置换、补偿等多种方式全部退出。深圳公共汽电车由市场化运作、社会承担全部成本向政府主导、公益性转化，企业盈利来源由市场利润向政府补贴利润转化。公共汽电车特许经营改革的实质是由政府支出一部分成本购买特定水平的公共服务，以增加公共服务的公益性并提升民生净福利指标。深圳市实行成本规制,按照公共汽电车企业规制成本支付一定比例的利润,该利润按照公共交通服务考核发放。

深圳公共交通财政补贴的原则是:坚持平衡公共交通行业企业化运营与公共交通服务准公共产品双重特性原则,坚持兼顾市民出行便捷平价、公共交通企业可持续发展和财政承担能力原则,坚持财政补贴与服务质量考核相结合原则。公共交通补贴分为单项补贴之和(政府就公共交通企业承担社会公益性任务、燃油价格上升、公共交通票价降价等事项设置单项补贴)、投资回报调节(设置公共交通行业标准成本利润率,财政补贴总额根据该利润率变化)、服务质量调节(设置标准,根据实际公共交通服务质量是否达到标准确定补贴发放金额)三大类。财政资金由市财政承担50%,各区按常住人口比例承担其余50%。

2. 模式二——重庆公共交通区域经营

重庆是特有的“多中心组团式”空间结构。根据《重庆市人民政府关于改革主城区公共交通汽车客运营运与管理体制的决定》(渝府发〔2006〕123号),重庆直辖以来,国有公共汽电车企业覆盖了主城核心区(外环高速公路以内的区域)全部营运线路,承担了该区域日均汽车客运总量(305万人次)的88.5%。但是主城区客运市场仍然面临不少问题:

(1)市场准入和退出机制没有完全建立。营运主体多而散,多数营运企业规模过小,竞争秩序不规范。

(2)政策法规建设滞后于公共汽电车客运市场开放,公平竞争机制没有完全建立。各类企业在纳税、费用征缴、企业职工社会保障、线路准入、站场使用、单车核载、运力投放、证照办理、承担政府确定的公益性、应激性义务等方面政策不统一、待遇不平等。

（3）营运主体实力不强。国有公共汽电车企业面临较大的经营压力和困难，需要进一步转交内部机制，增强活力。不少民营企业采取单车挂靠经营模式，管理松弛，经营粗放，服务质量低。

（4）主城区公共交通发展规划滞后，线网布设不适应发展需要，枢纽站、换乘站等配套设施建设欠账较多，且多为国有企业独有，与城市现代公共交通要求有较大差距。

2006 年，重庆市政府决定对主城区公共汽电车客运体制进行改革，旨在建立国有公共交通企业为主导、多种所有制经济共同发展、公共交通市场统一开发、竞争适度有序、服务规范优质的主城区公共汽电车客运营运与管理体制。改革针对主城核心区客运企业小弱松散的状况，按照“拥有主城区营运的 20 座及以上客运车辆 100 辆以上”的公司化改造基本要求，对主城核心区的客运企业进行了整合，从原有客运企业 25 家、个体经营 11 家，整合为 8 家公共汽电车企业和 2 家托管企业。规定新成立的企业应按规定参加公共汽电车客运线路特许经营竞标，实行公司化管理、规模化经营、标准化服务。新开辟的公共汽电车客运线路和收回的现有公共汽电车客运线路，以拍卖、公开招标方式确定线路营运主体。2009 年，7 字头公共汽电车车辆全部归入公共交通集团，民营公共汽电车企业消失。

2011 年起，为落实公共交通覆盖二环要求，解决公共汽电车线路重叠度高、渝中半岛公共汽电车线路“万箭穿心”、二环和新建小区公共汽电车运力不足等问题，同时优化公共交通线网结构，进一步加强各区域公共汽电车之间、公共汽电车与轨道交通接驳，提高公共交通出行分担率，满足市民日益增长的公共交通出行需要。2012 年以来，市公共交通集团公司将其所属主城内原 7 家公共交通公司按“一个区域、一个客流通道、一个经营主体”的原则，依据重庆市区组团式地域特征，分四大片区,按照“3+1”方案进行公共交通资产重组、区域化经营结构调整和公共汽电车线路优化(2013年优化线路40余条)。四大片区分别是北部(巴士公司、新城公司、快通公司)、西部(公共交通二公司、电车公司)、南部(一汽巴士公司、公共交通三公司)和北碚(公共交通五公司、巴士朝阳公司)。2012年,新城公共交通公司和巴士公司合并,成立两江公共交通公司。2013年,公共交通二公司和电车公司合并,成立西部公共交通公司。两江公共交通公司,“6”和“8”字头公共交通公司合并,负责三北地区和三北通往渝中方向的公共汽电车线路运营;西部公共交通公司,“2”和“4”字头公共交通公司合并,负责大渡口、九龙坡、沙坪坝和三区到渝中的公共汽电车线路运营;南部公共交通公司(名称待定,第一、三公共交通公司合并而成),“1”和“3”字头公共交通公司合并,负责巴南、南岸和这两个区到渝中的公共汽电车线路运营。此外,“5”字头公共交通公司和巴士朝阳公司整合后,单独负责北碚和连接北碚的公共汽电车线路运营。整合后,将按“大通道”和“小通道”结合的方式,大型车跑大通道,解决干道客流,小型车跑小通道,深入居民区。

市政府对所有公共汽电车企业实行统一公平公正的公共交通政策,包括公共交通站场、公共交通IC卡、公共交通站台标志,为保证所有企业公平服务的格局逐步形成和完善。积极推进站场设施与营运线路分离,组建统一的公共交通站场公司,独立经营站场设施,为各类企业提供公平公正服务,实行政府定价收费,微利营运。市交通主管部门根据各区建议和公共交通客运发展需要,行使线路配置的管理权,组织制定公共交通客运服务质量评价标准体系,考核和评议结果作为继续授予或中止公共交通客运企业特许经营权和政府给予相关扶持的重要依据,并要求建立规范的成本费用评价制度和政策性亏损评估制度。

3. 模式三——佛山公共交通模式改革

佛山是组团式城市，城市发展和经济发展均以区为主，区间公共汽电车、区内公共汽电车纵横交错，全部回购已转制的公共汽电车企业实施国有化经营在佛山行不通。因此，佛山实施了交通共同体（TC）模式改革，其组成部分为决策层、管理层和运营层三个层次。决策层即政府，负责制定相关的政策，并在财政投入上给予相应倾斜；管理层即政府部门下属的管理公司或管理中心，负责统一收取票款，对公共交通网络进行规划，对运营企业提出服务质量要求，通过成本核算以政府购买服务的形式向企业购买公共服务，实现票运分离；运营层即相关的运营企业，他们只负责提供相应的服务，不必考虑票务盈利与否。这样一来，三个部分组成了一个共同体，责任明确，各施其责，可以解决公共汽电车线路覆盖率低、热线扎堆、冷线少车、发车间隔大、服务不到位、政府补贴缺少依据等难题。具体又包括“政府补贴、市场运作、考核兑现”的桂城模式和“定额补贴、票运分离、共同监管”的北滘模式。下面以北滘模式为例进行简单介绍。

北滘模式提出了“交通共同体（TC）”的概念，由政府和运营企业共同组成一个联合体，采用“政府主导、市场运营、定项委托、合同管理、考核兑现”的方式，将公共交通运营企业与票务完全分离开来，政府则向运营企业购买公共交通服务。在功能上则是政府负责基础设施、日常监管、推广及补贴费用，而运营企业负责日常运作，把运营的重点放在服务质量与安全上。政府成立公共交通管理办公室，负责监督运营企业对合同的履行情况，从方便性、快捷性、准点性、安全性、经济性和舒适性等方面进行评价，并根据合同规定的评定标准每月向运营企业支付营运费用。另外，公共交通管理办公室不定期对公共交通出行的信息进行采集和分析，对线路安排、站点设置、运力配置、运营时间等进行优化调整。

4. 模式四——广州模式

广州市区共有12家独立法人的公共交通企业运营,经资源整合成4家公共交通集团,包括第一巴士、第二巴士、第三巴士、马会巴士。其中,国有企业和有限责任公司的比例大致相当。在运营模式上,采取线路经营权、所有权分离,政府与企业签订授权书的形式,线路授权期限为8年。对于快速公共汽车(BRT)快线运营建立了独立的运营管理公司,采取清分清算方式核算各公司收益。对于常规公共汽电车线路,采取企业成本规制和服务质量考核制度,政府对各种所有制类型的企业给予同等的补贴政策,主要包括综合补贴、票款优惠和票价补贴。由政府对公共汽电车企业服务质量进行考核,并根据考核结果核算补贴。在场站运营方面,政府成立了国有独资的场站运营公司,由政府核定收费后,对公共汽电车企业提供收费服务。

从1995年改制前和2011年改制后的数据比较可知,公共汽电车数量在体制改革前后增加了214%,表明民间资本的引入使得公共汽电车行业的资金充足,能够扩大其发展规模,解决了因政府投入不足而造成的乘车难问题;公共汽电车线路增加了55%,表明公共交通网络遍布城市,为市民出行提供了更为方便的条件,四通八达的公共交通网使人口和经济的流动更加快速方便;客运量增加了275%,表明公共交通吸引力大幅提高,市民群众普遍认同公共交通作为主要出行方式;人车比例下降了46%,这表明随着公共交通技术的发展和管理水平的提高,由原来的人力售票、多人一半到现在的自动刷卡、一人一车,说明公共汽电车行业的科技含量在不断提高,技术在不断创新,人力成本则在不断下降,人力成本大幅节约。

通过广州市公共汽电车行业内部各企业人车比可知广州公共交通

体制改革的收益，以第一巴士为例：2004年7月，原广州第一公共汽车公司整体改制为广州市一汽巴士有限公司，改制后国有资本和民营资本各占50%，这是广州市公共交通系统第一家改制的国有企业。2007年10月，在市政府引导下、经企业友好协商，由一汽巴士公司、电车公司和新穗巴士公司组成广州市第一巴士有限公司；由二汽公司、冠忠巴士公司、恒通巴士公司和兴华巴士公司组成广州市第二巴士有限公司；由三汽公司、珍宝巴士公司和白马巴士公司组成的广州市第三巴士有限公司。

民营公司在车辆使用效率和人员精简方面更有优势，由此带来的是成本优势（表3-1）。民营企业除了具有机制灵活的优势外，其在技术创新和管理创新等方面也敢于尝试，例如，新穗巴士公司在全国率先推广使用混合动力车辆、纯电动双层巴士和3G技术。另外，公共汽电车企业员工分散于广州市四面八方，多数员工的工作岗位随着车轮而流动，为使信息渠道通畅，民营公司能根据市场需求不断变革企业的组织架构，使企业的纵向权力分配越来越向下倾斜，管理重心越来越向一线转移，建立了快速反应的管理体制。例如，新穗巴士公司为保障一线员工能够安心做好营运生产工作，推行了管理人员挂靠线路考核制度和路队联席会议制度，保证了每条公共汽电车线路都有1～2名管理人员挂靠，密切了管理层与一线的沟通，切实为生产一线员工解决问题，其路队建制现已成为了广州市公共交通行业中的独特而有效的组织模式。

广州市第一巴士有限公司内各公司车日收入 表3-1

单位	体制	车日行程（km/天）	管理人员人车比例（管理人员数量/营运车辆数）
A公司	国有	210	0.13
B公司	国资、民资各占50%	215	0.12
C公司	民营	260	0.09

第三节　我国城市常规公共汽电车运营管理存在的主要问题

一、行业管理特点

城市常规公共汽电车企业的运营管理与道路运输企业管理有相当多的共同点。但由于城市公共交通的行业特殊性和在国民经济中的基础作用,它的管理有其特殊性和复杂性,主要体现在以下6个方面。

1.行业垄断性

城市常规公共汽电车企业属于公共事业单位,具有一定的垄断性质,由于其在城市中较为垄断的竞争形势,因此国家应该适当放开管理竞争的政策,从而使公共汽电车企业的发展适应国家和地区经济发展的要求。

公共交通中的国有企业具有较高的资质和较强的综合实力,是政府城市公共交通战略的主要实施者,投资渠道、政策落实对口。在建立和完善大城市公共交通体系过程中,国有企业的骨干地位不容置疑。

专栏3-2　法国城市公共交通运营管理模式

法国的城市公共交通就是以国营为主。依据交通法,各级政府成立交通委员会。交通法明确规定了公共交通所承担的各项义务都属于政府行为。巴黎公共交通总公司就属于国有企业,负责全区的地铁、快速铁路、公共汽车和轻轨交通的运营管理,并承担了巴黎80%的主要客运量,其余的则由私人客运企业承担。

同时，要按照市政公用事业改革的总体要求，多渠道广泛融资，逐步形成国有主导、多方参与、规模经营、有序竞争的公共交通新格局，对进入城市公共交通领域的企业要统一运营政策、统一服务要求和收费标准，解决国有企业和民营企业服务要求和收费标准不一的问题，如国有企业只能按政府有关部门核准的最低收费标准收费，导致国有企业经济效益差，缺乏活力和竞争力等。与此同时，要按照以城带乡、城乡一体化发展的要求，给予乡镇公共交通与城市公共交通同等待遇，改变目前将城市公共交通和乡镇公共交通区别对待的格局，实现统一计费标准、统一补贴标准、统一营运政策“三统一”。

尽管在我国市场化过程中，政府的管制在逐步放松，比如 2010 年国务院颁布实施的“新 36 条”明确规定，允许民营企业进入城市公用事业，但由于政府拥有行业准入的最终审批权，所以这种行业的准入仍然是相对的，民营企业能否进入或哪些民营企业可以进入仍由政府掌握。

2. 公共效益和企业效益兼备

城市常规公共汽电车企业虽然从性质上分是以盈利为目的的企业，但它还是城市发展中不可或缺的公共事业性单位。要根据国家宏观调控政策和社会经济的发展，加强社会效益，从而达到公共效益和经济效益兼备的目的。

3. 管理难度大

城市公共汽电车企业特别是常规公共汽电车企业的员工数量较大，运营线路较多，而且运营线路覆盖面积广，运营车辆较多且车辆停放管理难度很大。由于公共汽电车线路的站点较多，站点管理和维护难度很大。另外，企业还受到国家宏观政策、国民经济其他部门布局、自然条件和市民居住出行等因素的影响，因此，企业的战略管理更难进行。

4. 运营成本负担重

由于城市常规公共汽电车企业长期的历史遗留问题,车辆老化、员工配置不合理、站场紧缺等原因使得企业运营成本日益增加。随着城市发展和国家政策的调整,城市居民对公共汽电车基础设施的要求不断增加,常规公共汽电车企业还要投入大量的运营成本,使得城市常规公共汽电车企业负担很重。

5. 交通安全隐患多

随着城市发展的不断加快,城市车辆不断剧增,然而城市道路增长速度远远低于城市车辆增长的需求,因此交通事故在所难免。近几年,由于驾驶员考核机制不完善,在城市中产生了大量的“马路杀手”,这也是常规公共汽电车企业乃至整个城市交通的一个巨大隐患,这也提高了常规公共汽电车企业的运营成本和维护成本。

6. 服务不可靠

可靠性差是由于不恰当的规定和管理措施的强制执行而引起的,以至于这种行为被公共汽电车服务经营者忽视而得不到任何惩罚。诸如“满员调度”(公共汽电车车辆不是按照时间表发车的,而是在离开前必须在公共交通枢纽等待直到满载乘客)等效率低下的运营习惯,能够导致一种不稳定、不可预知的公共汽电车服务能力。效率低下的线路规划同样也是影响因素之一,尤其是当多条公共汽电车线路在同一条公共交通走廊上运营时,彼此之间的时间表却没有经过协调,这样很容易造成服务效率低下。

不相称的运营架构或公司规模是影响因素之一:在一条特定的公共汽电车线路上,如果所有的公共汽电车服务不是由唯一的运营单位负责,而是交给数量较多且各自独立的小型公共汽电车经营者,那么他们将很难提供规则的公共汽电车服务。

公共汽电车车辆缺乏养护是车辆不可靠的主要原因。尤其普遍出现在以下地方:小规模的公共汽电车运营者占有优势,但同时也有一些规模较大的、养护标准低下的运营者。每次机械故障时所行驶的公里数是衡量可靠性的有效指标。

引起可靠性不高的原因有些主要在于经营者管理上的脱节。在一些城市里,交通阻塞作为一个特大问题经常使得安排公共汽电车车辆时间表成为一件极端困难的事。

二、主要存在问题

目前,我国的常规公共汽电车市场存在资源分散、服务水平低、出行分担率偏低、公益性定位不清、市场竞争机制不完善、监督考核和扶持投入机制不健全等问题,制约了公共汽电车的进一步发展。

主要存在问题表现在以下 3 个方面:

(1)城市公共交通的公益性定位还需进一步明确。由于城市化急剧加速、人口高速膨胀、小汽车和非机动车增长过快,要满足市民日益增长的出行需要,常规公共汽电车企业需要大量投入,用于新建公共汽电车场站、新辟公共汽电车线路、新增公共汽电车车辆。但由于目前绝大部分地方还没有建立城市公共交通发展专项资金,对低票价运营的补贴补偿还不到位,中央政府的燃油补贴受中央财税体制改革影响可能转变方向或逐步减少。各城市对新增公共汽电车车辆特别是清洁能源、新能源车辆的补贴更多停留在购置环节,事实上从运营环节看这类车辆的运营成本更高,而企业在亏损运营的前提下投入运力越多,亏损越大,客观上导致了企业提高服务质量服务水平的内生动力不足,企业运营困难较大,职工工作强度大、工资收入低。

在此情况下,企业履行公共交通公共服务的难度较大。很多城市的常规公共汽电车企业根据政府指令运营快速公共汽车(BRT)线路,实行并线低票价政策,造成了运营收入的进一步下降。一方面,公共交通是公益性事业,事关人民群众基本出行,特别是中低收入人群。城市政府公共交通主管部门为确保公共交通的公益性定位,要求常规公共汽电车企业实行政府核定的低票价、对特殊人群实行乘车优惠、承担大型社会活动、特定政治任务、疏散上访人群等指令性营运服务。另一方面,政府对常规公共汽电车行业的管理还是过分依赖行政管理手段,由于这些任务多以行政指令的形式下达,企业对能否得到合理补偿心中无数。

(2)私营部门进入公共交通市场的“玻璃门”、“弹簧门”仍然存在。目前,虽然很多城市的私营部门已经采用股份合作制等形式进入了常规公共汽电车行业,但私营部门进入公共交通市场仍面临两大阻力。

①政府公共财政对私营部门补贴的均衡性不够。由于部分城市的公共财政对公共交通的补贴仅限于国有经济成分企业,不能覆盖到私营部门,客观上导致了私营部门运营成本更高,为了弥补高运营成本,追逐更高的利润,一些企业违法经营公共汽电车线路,串线跑热门线路,与国有公共汽电车企业抢乘客。

②各界力量对私营企业进入公共交通市场的信心不足。私营企业的逐利性质明显,从政府部门到普通乘客,对私营企业是否能够履行优质公共交通服务的信心不足。兰州、银川等城市交通管理部门明确表示,将公共交通市场向私营企业放开是对群众不负责任的表现。部分城市的调查也显示,群众在选择乘坐公共汽电车车辆时,更多愿意选择国有企业的运营车辆。

(3)公共交通市场适度竞争和监督考核机制还不完善。很多城市只有一家国有公共汽电车企业,在垄断经营的前提下,公共汽电车市场缺乏竞争机制。服务好坏一个样,亏不亏损都得干,国有公共汽电车企业即使运营情况不理想也不会退出市场。另外,目前我国公共汽电车行业运营成本核算机制尚未建立,各地方对公共汽电车企业的运营补贴标准不一,企业在成本规制方面经验不足,缺乏一致的服务质量考核标准,及以服务质量为主要依据的公共交通补贴机制。另外,公共汽电车市场服务质量的监督考核机制还不完善,缺乏公共汽电车服务质量的行业标准规范以及考核办法,各城市对公共汽电车企业服务质量的评价流于表面形式,可操作性不强,企业应付检查的多,真正将服务质量摆在突出位置的少,这不利于公共汽电车市场的有序竞争和健康发展。

第四章

城市公共汽电车线路资源配置模式

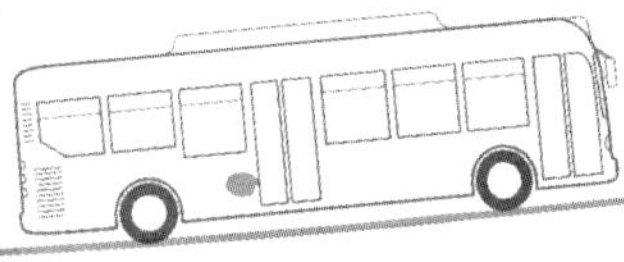

线路资源是城市公共汽电车市场最基础性的资源，其配置模式选择直接影响到城市公共汽电车行业运营管理模式的选择，具有决定性作用。同时，线路资源配置模式也直接关系到行业主管部门对公共交通服务质量的监管与激励。本章对国际典型城市公共汽电车线路的资源配置模式进行了梳理，旨在为我国探索市场化的公共汽电车线路资源配置模式提供参考。

第一节　国际城市公共汽电车线路运营服务协议

纵览目前国际典型城市公共汽电车线路资源配置，可以发现，绝大多数采取的是政府部门与企业签订运营服务协议的形式，特许经营合同是其中较为典型的一种形式。英国伦敦在线路运营权服务协议方面经过了三个阶段的尝试和比较，其案例值得我国很多城市借鉴。

一、协议类型划分

国际城市公共汽电车运营的特许经营合同包括线路特许经营、区域特许经营两大类。管理部门与运营企业签订合同，给予其在一条或一组公共汽电车线路上拥有专有运营权，这就是线路特许经营合同（以下简称“线路合同”）方案。当一个管理部门签订合同，赋予运营企业在所有或部分城市排他性运营服务时，这就是区域特许经营合同（以下简称“区域合同”）方案。具体如图4-1所示。

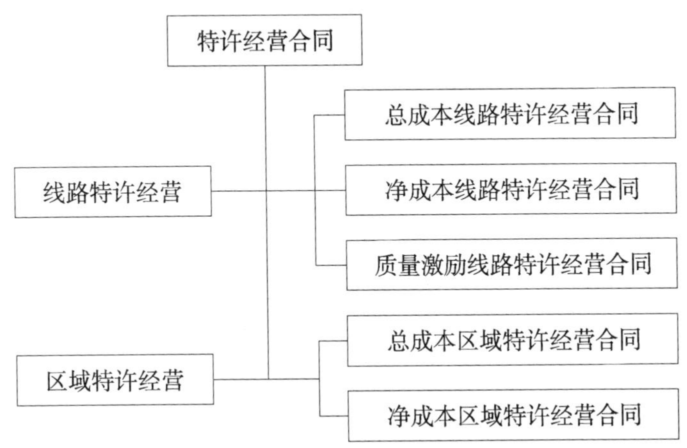

图 4-1 特许经营合同类型组成

二、线路合同划分

1. 基于总成本的线路合同

采用线路合同方案地区的管理部门负责运营企业在特定线路和特定时段运营公共汽电车的全部费用，而所有的收入都归管理部门而非运营企业所有。

2. 基于净成本的线路合同

在基于净成本的线路合同方案中，如果线路亏损，管理部门对运营企业进行补贴。如果线路盈利，管理部门也能得到分红。

三、区域合同划分

1. 基于总成本的区域合同

采用区域合同方案地区的管理部门负责运营企业在特定区域和特定时段运营公共汽电车的全部费用。而所有的收入都归管理部门而非运营企业所有。如果合同的财务基础是在特定时间段内提供特定服务的运营企业所得全部收入，这样的合同被称为总成本区域特许经营合同（以下简称“总成本区域合同”）。

2. 基于净成本的区域合同

如果在城市的所有地区或大部分地区都采用这样一种模式，即管理部门与公共汽电车运营企业签订合同，给予其在一定区域拥有专有公共汽电车运营权，这就是区域合同方案。在净成本区域合同方案中，管理部门给予运营企业补贴。如果运营企业是盈利的，管理部门也能得到分红。

3. 两种区域合同的适用性

总成本区域合同的主要缺点是：

（1）运营企业并不留存收入，因此运营企业可能并不会太在意收入的征收；

（2）管理部门必须保证所有收入都被征收，而且进行了转交，这需要持续的监管和审查；

（3）对于没票乘客和没有售票的工作人员的惩罚必须合理；

（4）运营企业并不关心线路的有效运营；

（5）由于涉及的公共汽电车车辆数量相对较大，竞标者范围可能相对较小；

（6）由于涉及大量公共汽电车车辆，因此很难重新替换一个绩效较差的运营企业。中小企业进入的难度较大。

净成本区域合同的主要缺点是：

（1）在多个运营企业提供服务的线路上，可能会引起运营企业之间对乘客的竞争；

（2）有时很难决定哪个运营企业运营穿越两个或更多区域的线路；

（3）相对于总成本区域合同，净成本区域特许经营合同（以下简称

“净成本区域合同”)下管理部门的支出更多,因为运营企业为了降低财务风险,通常会对收入做出非常保守的估计;

(4)管理部门对运营线网做出改变的能力受到限制,因为改变可能会对先前净成本区域合同下的收入产生负面影响;

(5)由于涉及的公共汽电车车辆数量相对较大,竞价者的数量会较少;

(6)由于涉及大量公共汽电车车辆,因此很难重新替换一个绩效较差的运营企业。中小企业进入市场的难度较大。

四、适用性分析

在起草合同时,关键是要考虑到不同城市的条件和公共交通系统的特征,从而确定采用区域特许经营模式或是线路特许经营模式。对于支付方式,总成本线路合约和净成本线路合约的选择是根据政府与运营企业之间的监管机制来确定的,在总成本线路合约(价格包干合同)中,交通组织机构获得运营收入,给予支付运营公司商定的费用。运营公司一般没有运营的风险,但在投资方面存在风险。在净成本线路合约(补贴承包合同)中,交通组织机构只是支付一笔固定的补贴数额,运营公司获得运营收入。运营公司无论是在运营还是在投资上都要承担经营风险。

根据城市大小,区域合同要求最多10个公共汽电车运营企业。在大多数人口在100万~1 000万之间的城市,一般不会超过6个区域合同。线路合同则要求更多的运营企业,除非每家运营企业承包好几条线路。城市线路合同体制中运营企业最多与不同公共汽电车线路的数量相等。

1.区域特许经营和线路特许经营的适用条件

区域特许经营和线路特许经营的适用条件见表4-1。

区域特许经营和线路特许经营的适用条件　　表 4-1

区域特许经营适用条件	线路特许经营适用条件
城市拥有大量相对自我封闭的区域(如果城市中公共汽电车车辆的总量少于 500 辆,那么只能有一个城市区域); 管理部门希望运营企业承担区域公共汽电车服务计划(通常必须得到管理部门的批准); 管理部门希望运营企业是能自给自足的,而且被认可是该区域的公共交通系统提供商	在一定年份后拥有强制性重新招标的权利; 建立一套长期的程序来持续测试市场已得到最低成本; 政府决定线路和日常计划; 企业作为公共交通系统提供商; 政府全面负责服务计划; 避免卷入设定运营企业利润水平的问题; 为小运营企业的参与提供机会

注:资料来源于《城市公交改革手册》(世界银行)。

2. 总成本合同和净成本合同的适用条件

总成本合同和净成本合同的适用条件见表 4-2。

总成本合同和净成本合同的适用条件　　表 4-2

总成本合同适用条件	净成本合同适用条件
管理部门希望避免乘客之间的竞争; 为了减少线路重复,管理部门希望在所有区域所有线路之间实现免费或是优惠换乘; 大部分收入来自公共汽电车服务之外	管理部门希望激励运营企业增加运输量和收入; 管理部门希望运营企业拥有一定的灵活性来改进线路和计划,从而尽可能地使网络更吸引乘客并更有效率; 来源于公共交通运输收入以外的收入占总收入比例小; 企业分享运输收入以外的收入被认可; 管理部门希望实行定额补贴

注:资料来源于《城市公交改革手册》(世界银行)。

通常,以上所有合同的签订是基于竞争性招标的。但是在转换期间,协商完成的区域合同签订可能是基于与在位公共汽电车运营企业之间的协商的。

第二节 国际典型城市公共汽电车线路运营服务协议案例

一、协议类型概况

国际城市根据自身经济社会和交通发展特点，分别选择了符合自身特点的公共汽电车运营服务协议，见表4-3。

国际典型城市公共汽电车线路运营服务协议类型　　表4-3

城　市	合同类型	授予方式	运营企业风险
布鲁塞尔	框架合同	直接授予	成本+收入+奖罚
布达佩斯	框架合同	直接授予	成本+收入
伦敦市区	质量激励合同	竞争性招标	成本+奖罚
法兰克福	线路捆绑总成本合同	竞争性招标	成本+奖罚
布拉格	框架合同	直接授予	成本+收入
第戎	区域净成本合同	竞争性招标	成本+收入+奖罚
哈勒姆	区域净成本合同	竞争性招标	成本+收入+奖罚
慕尼黑郊区	线路总成本+质量激励合同	竞争性招标	成本+奖罚
斯德哥尔摩	总线路捆绑合同	竞争性招标	成本+奖罚
哈尔姆斯塔德	区域总成本+质量激励合同	竞争性招标	成本+奖罚
松兹瓦尔	净成本+质量激励合同	竞争性招标	成本+收入+奖罚

二、伦敦协议案例

(一)发展改革历程

比较国际城市公共汽电车运营权服务协议的架构，比较典型的是英

国伦敦模式。总的来看,伦敦公共汽电车运营模式改革经历了以下历程:

1985年之前:由政府公共交通运营机构(相当于国企)直接提供所有服务。

1985年:试点公共汽电车线路招标,促进政府公共汽电车运营机构与私营机构竞争。期间,除了伦敦外,英国其他地区都大幅放松了巴士服务的政府管制,引进私营机构参与竞争。

1989年:通过一段时间的试点,伦敦准备将国有企业分割成更小的公司,为大范围推广私有化作准备。

1993年:50%的公共汽电车线路采取招投标获得经营权。其中,40%的线路经营权授予了私营机构。

1994年:国有企业实现了市场化运营模式。

目前,伦敦交通局(Transport for London,简称TFL)通过招标服务将公共汽电车线路运营权授予运营企业,并要求运营企业按其制订的服务标准提供服务。

(二)运营服务协议范本

在运营模式变化过程中,伦敦运输局与公共汽电车服务承包商的合同范本也相应发生变化,更直观地反映了运营模式变革的目标。

1. 第一种合同范本:总成本合约

该合同范本在1985—2000年期间使用,合同期限为五年。

合同范本规定的主要内容有:支付给私营运营企业的运营成本;票款收入由伦敦巴士公司保留;如果没有完成合同要求的运营里程要扣减成本费用;如果不能达到服务标准要求可以终止合同;如果能够达到服务标准就可以继续参与新的线路投标等。

这份合同的特点是保障了运营企业提供服务所必需的资金，但没有建立服务质量提升的激励机制。运营企业对提高客运量和服务质量没有积极性。

2. 第二种合同范本：净成本合约

该合同范本在1995—1998年期间使用，也是五年合约。

合同范本规定的主要内容有：支付给经营者的经营成本和预估票价收入之间的差异；预估的费款收入由运营企业保留；如果没有完成合同要求的运营里程要扣减成本费用；如果不能达到服务标准要求可以终止合同；超出预估部分的票款收入增长也由运营企业保留。

这份合同范本的特点是将预估的票款收入及运营企业提升服务获得的额外票款收入均留给了运营企业，有助于激励运营企业提高客运量，但净成本核算的方式也会诱导运营企业通过降低服务质量来减少成本以获得更多的差额收益。

事实也证明了这个推断：采取第二种合同范本后，公共汽电车客运量同比增长约2%～3%，这是该合同的优点。并由此带来的问题有以下4个方面：

(1)服务质量普遍降低，许多运营企业没有严格按照合同规定的服务性能要求进行经营。

(2)成本核算的要求很高，由此产生昂贵的管理和收入分配的调查费用。

(3)运营企业对新增线路对其乘客的分流变得非常敏感，使得服务标准的变更和新线路的开通变得更加复杂。

(4)客运量增长带来的收入增长不能完全用于公共交通系统的投资。

3. 第三种合同范本:以服务质量激励为核心的合约

该合同范本吸取了第一、二种合同范本的优点,改善了缺点,从2000 年开始使用至今。合同期限为五年,如果服务质量持续提升,可以延期两年。

合同范本规定的主要内容有:

(1)由运营企业在招标时对运营所需的总成本数额进行保价,如中标即以该价格作为合同支付基本价格。

(2)在此基础上,伦敦运输局设定最低的服务质量标准。

(3)之后建立一个服务质量考核机制来保证最低标准的实现,即服务质量高于最低标准时,给予一定的奖金奖励;服务质量低于最低标准时,要扣除一定合同金额。

(4)运营企业通过提高服务质量,最多能够获得 15% 的合同价格的奖金。

(三)服务质量激励措施

TFL 依据带有质量激励政策的总成本线路合同,在运营商完成运营里程的基础上,对服务质量上乘的运营商进行红利的发放,红利的发放以"超过预期等待时间"可靠性指标为依据。运营高发车频率的线路实际运营中的"超过预期等待时间"每低于合同规定的最低服务质量 0.1min,在原有的总成本线路合同价格上增加 1.5% 的资金分配;低发车频率的线路车辆正点率比最低服务质量所规定的值每提高 2%,则增加 1.5% 的资金分配。

TFL 将运营商运营期内的运营指标与服务质量阈值进行对比,小于阈值则可申请延期。服务质量阈值与最低服务质量采用相同的指标。TFL 委托第三方机构特恩特市场研究公司(TNS RI)采用神秘访客 MTS (Bus Mystery Traveler Survey)的方式对公共汽电车服务关键指标进行监

督调查,监督调查的目的是对驾驶员服务和车辆性能给出评估,驾驶员服务评估包括如下 4 个方面:

(1)专业技能;

(2)服务态度;

(3)车辆停泊过程中的稳定性;

(4)服务舒适安全。

每个方面又包括了一系列的评价指标,如是否了解运营线路、对争执的处理能力与制服着装情况。车辆性能评估所考虑的方面包括如下 3 个:

(1)车辆状况;

(2)车辆无故障;

(3)车内无损坏。这其中每个方面又包括了一系列的评价指标,如车辆标识、车内物品布置和车内温度与照明等。

每个付款季度进行 1 700 次监管评估,不公开身份的调查人员按照尽可能覆盖所有运营线路的原则,分别进行随车调查和在停车场进行调查。调查过程中,调查员既使用手持电子设备进行电子问卷的乘客满意度调查又结合自身感受对服务质量进行监管和调查,并可以对驾驶员开车时听音乐等 10 项严重违纪事件进行事故报告的实时提交。满意度调查问卷指标的设计分为 Yes/No 类型与分等级类型,将指标值与指标对应的权重相乘,并除以问卷份数,再进行 100 分制的换算以及所有项的求和,即可获得最终的满意度调查得分。

三、巴黎协议案例

法国巴黎的公共汽电车运营服务合约为服务质量激励协议范式,它确定了服务质量标准,并提出了报酬分配方法。以 2012—2015 年新一轮的合同(期限为 4 年)中提出的质量考核办法为例,合同旨在为乘客服务，准点率、旅客信息服务以及旅客服务感知作为最重要的因素在合同中得以体现。在巴黎大区交通管理委员会（STIF）和巴黎公共交通公司（RATP）的管理合约中，RATP 必须达到 STIF 所提出的运营要求，STIF 制定了一系列的服务指标以使得 RATP 在提供公共交通服务的时候能有所参照。为激励 RATP 高质量地完成运营，STIF 提高了公共交通服务的支付价格，并根据服务指标的达标程度进行奖金发放和罚金的扣除。

服务指标包括准点率、旅客信息服务、乘车环境、乘客舒适度以及无障碍环境。为提高乘客对公共交通的满意度，以上服务指标的考核都是通过乘客的感知程度来进行满意度测算的。从 2012 年开始，每年约有 12 万乘客接受满意度调查（是之前合约中规定的满意度调查人数的 6 倍），满意度调查的成本也从之前奖金的 1% 变成现在奖金的 10%。

STIF 制定了总的奖励或处罚金额为 700 万欧元，根据各项指标的达标程度分别计算奖励金额，准点率、旅客信息服务、乘车环境、乘客舒适度以及公共交通的可达性分别占总奖励金额的比例为 30%、30%、20%、10% 和 10%。

1. 准点率

准点率的调查借助于 STIF 实时信息采集系统，分每条线路进行调查，每月调查 14 次。相比于上次 2008—2011 年的合同，准点率的调查频率增长了 3.5 倍，并且在新一轮合同中，避免了之前人工测量准点率的人力投入。准点率达标的企业可以获得 2.1 万欧元的奖励。

2. 旅客信息服务

旅客信息服务指标的考核不仅与信息设备的提供有关，更考虑了在获取信息过程中旅客的感受以及在突发状况下(故障中断以及意外中断)信息服务的及时性。运营企业需要向旅客提供如下四类信息:运行时刻表(理论车辆到站时刻)、车辆实时运行信息、施工作业等的信息发布和对意外交通中断的及时响应。按可用和易读、信息发布适时以及实时快速更新三个方面来进行乘客满意度调查,对运营企业的服务质量进行考核。

3. 乘车环境

乘车环境的调查包括服务人员引导、安全应急设施的配置、乘客的舒适度以及整洁度四个方面。

服务人员引导是新一轮合同(2012—2015 年)中新增加的服务质量考核指标,其含义是在旅客需要帮助的时候,是否能在 3 ~ 5min 之内找到服务人员。安全应急设施包括视频保护系统和应急电话。

4. 乘客舒适度

乘客舒适度调查包括 30 项具体评价条目,并在一个月内进行 4 次调查。整洁度的调查包括 42 项具体评价条目。

5. 可达性

可达性指标是新一轮合同(2012—2015 年)中新增加的服务质量考核指标,以覆盖率来评价公共交通的可达性。

四、哥本哈根协议案例

丹麦哥本哈根设置了专门的公共交通管理机制(Movia)负责公共汽电车运营服务,其在公共交通的招投标阶段、合同执行期以及合同续约期都充分考虑到了服务质量。Movia 在标书中明确服务质量水平和车辆配置所需满足的最低标准,运营企业在投标书中对其所能达到的服务质量标准进行说明。在采购运营企业的公共交通服务时,综合考虑合同价格、服务质量水平以及车辆配置,三项指标的权重分别为40%、35%和25%。

在合同执行阶段,Movia 对服务的考核包括 2 个方面:

(1)服务水平,即是否完成了运营时刻表中规定的工作量;

(2)服务质量,包括车内清洁程度、准点率、车内秩序、司机的驾驶等级以及服务态度等。

1. 服务水平考核

服务水平反映公共汽电车企业是否提供了足量的工作量,是服务考核中最重要的部分,只有在完成运营工作量的基础上才能确定服务质量奖金。服务水平等级的确定见式(4-1)。

$$\text{服务水平等级}(\%)=\frac{\text{实际完成的运营时间}}{\text{时刻表中规定的运营时间}}\times 100\% \tag{4-1}$$

服务水平等级的划分标准见表4-4,服务水平等级直接影响服务质量奖金的发放,完成运营要求的全部(即服务水平等级为100.00),可获得服务质量奖金的全部;若完成运营要求的99.86,则只能获得服务质量奖金的60%。服务质量奖金的计算公式参考式(4-2)和式(4-3)。

Movia 所制定的服务水平等级与奖金比例的关系 表4-4

服务水平等级 (预定目标为100.00)	奖金比例
100.00	100%
99.86	60%
99.81 ~ 99.85	30%
99.76 ~ 99.80	10%
99.75 及以下	0

注:资料来源:Copenhagen Invitation to Tender—Annex 7—Quality Control。

2. 服务质量考核

服务质量奖金的确定需考虑总体指标和各个单项指标。Movia 制定了考核指标,见表 4-5、表 4-6,包括车站候车环境的整洁干净、车内的整洁程度、司机服务态度以及车辆行驶稳定性等。Movia 确定各单项指标的基准指标值为 81,并为满意度调查中的单项指标提供标准(以百分制计算)。各单项指标基准值与其所对应的权重相乘,最终确定服务质量总体基准水平。在哥本哈根城区,服务质量总体基准水平为 810 分,中心区外的其他地区的总体基准水平为 800 分。

Movia 服务质量考核指标 表 4-5

考核指标	单项指标基准值(m)	权重(v)	对总体基准水平的影响($m*v$)
车站整洁	81	0.65	52.65
车内整洁	81	1.08	87.48
车内设施	81	1.15	93.15
温度	81	1.17	94.77
通风	81	1.13	91.53
噪声	81	0.96	77.76
准时	81	1.40	113.40
驾驶技能	81	1.37	110.97
驾驶员服务	81	1.09	88.29
总体基准水平			810

注:资料来源:Copenhagen Invitation to Tender—Annex 7—Quality Control。

乘客满意度水平对应的定量化数值 表 4-6

乘客满意度	满意度在指标考核中的定量化值
非常满意	100.00
满意	83.33
基本满意	66.67
不满意	50.00
特别差	0.00

根据运营企业的服务质量是否达到总体基准水平，在合同价格的基础上对质量服务水平高的运营企业给予奖励，而对服务质量不达标的运营企业进行惩罚。

(1)当实际运营服务总体水平达到基准水平时，根据各单项指标超过或低于单项指标基准值的情况确定奖惩金额，见式(4-2)、式(4-3)。

奖金 = 运营时间 × 运营价格 ×(调查得到单项指标满意度 - 单项指标基准值)× 权重 × 奖金发放比例　　(4-2)

罚金 = 运营时间 × 运营价格 ×(单项指标基准值 - 调查得到单项指标满意度)× 权重 × 惩罚比例　　(4-3)

式(4-2)和式(4-3)中，单项指标基准值为满意度调查中乘客提供的单项指标所需达到的标准(以百分制计算)。奖金发放比例和惩罚比例随 Movia 所确定的指标基准水平变化，如图 4-2 所示。满意度调查中，根据各单项指标的打分情况并结合权重确定实际运营服务的总体水平。当满意度调查得到的实际运营服务的总体水平在 800 ~ 850 之间变化时，奖励/惩罚的比例为 0.04%(2% 除以 50 分)；当满意度调查得到的实际运营服务的总体水平在 850 ~ 1 000 之间变化时，奖励/惩罚的比例为

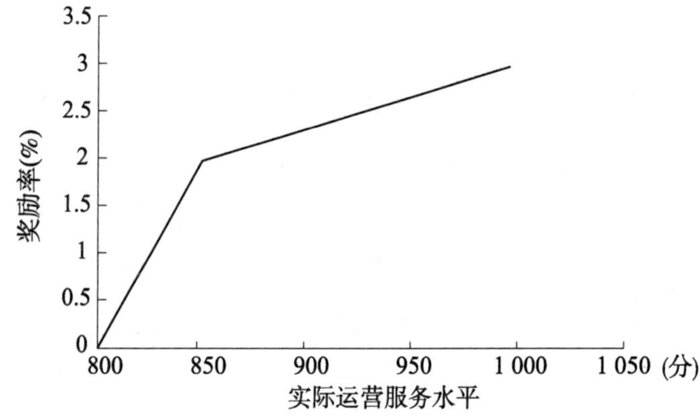

图 4-2　Movia 奖金比例随服务质量指标的变化情况

0.006 7%(1%除以149.9分)。

(2)当实际运营服务的总体水平未达到基准值时,确定惩罚金额的方法见式(4-4)。

$$罚金 = 运营时间 \times 运营价格 \times (-调查得到总体水平) \times 惩罚比例 \tag{4-4}$$

式(4-4)中,实际运营服务的总体水平在850.1~1 000之间时,惩罚比例为0.006 7%(1%除以149.9分);实际运营的总体服务水平在800.0~850.0之间时,惩罚比例为0.04%(2%除以50分);实际运营的总体服务水平在750.0~799.9之间时,惩罚比例为0.08%(4%除以49.9分)。

如按运营时间计算得到合同总额为2.4亿丹麦克朗(DDK),总体基准水平为860,而实际运营所达到的总体服务水平为790。由于实际运营服务的总体水平未达到基准水平,在合同规定的价格基础上,进行罚金的扣除,按如下的步骤计算得到运营企业需要承担的惩金,具体见式(4-5a)、式(4-5b)、式(4-5c)及式(4-5d)。

$$(860.0 - 850.1) \times 0.0067 = 0.07 \tag{4-5a}$$

$$(850.0 - 800.0) \times 0.04 - 2.00 \tag{4-5b}$$

$$(799.9 - 790.0) \times 0.08 = 0.79 \tag{4-5c}$$

总值 $0.07 + 2.00 + 0.79 = 2.86$

惩罚金额的计算结果见式(4-6)。

$$\text{DDK } 240\ 000\ 000 \times 2.86\% = \text{DDK } 6\ 864\ 000 \tag{4-6}$$

合同到期时,Movia会与服务质量达标的企业在4年初始合同的基础上续约2年。此次续约除调整合同中的部分条款外,不另外签订合约;当续约期结束,服务质量高的运营企业可再次享受续约的奖励。此次续约须再次签订合同,合同内容主要包括对上次基础合同中公共汽电车运行时刻表的调整。续约合同所签订的年限为2年,可根据运营企业的服务质量进行额外4年的延期。在基本合同4年有效期的基础上,服务质量激励政策会给予运营企业额外8年续约经营的奖励。

第三节 我国主要城市公共汽电车线路运营服务协议

一、线路运营权授予概况

目前,我国城市在公共汽电车线路运营权授予方面主要实行经营许可、招投标及直接授予等方式。

(1)目前部分城市实行线路经营许可制度,通过招投标或直接授予的形式确定线路经营主体。如哈尔滨、大连、吉林规定,公共客运主管部门一般通过招标方式授予线路经营权,特殊情况可以通过直接授予或直接许可方式确定线路经营者,且线路经营规定有最长期限,哈尔滨为7年,大连为8年,吉林为10年。部分城市采取直接授予的形式确定线路经营者,主要表现为一个城市只有一家公共汽电车公司的情况。如银川、兰州等西部城市,由于只有一家公共汽电车企业,政府公共客运主管部门直接从行政上授权该企业运营城市所有的公共汽电车线路。大型国有公共汽电车企业在线路的开设和调整上有很强的话语权,一般由其形成意见后报请政府公共客运主管部门批准。

(2)通过服务质量招投标形式实行特许经营已经逐渐成为各城市线路运营权授予的主流方式。如郑州、洛阳明确城市公共交通实行特许经营制度,具体办法由市人民政府制定;海口规定公共汽电车客运线路实行特许经营制度,市交通部门根据《行政许可法》、《招投标法》等有关法律的规定,通过招标等方式确定公共汽电车线路客运经营者,经营期限不超过8年;西宁规定采取特许经营许可制度或者直接授予制度,城乡公共交通客运管理机构通过招标方式实行特许经营许可,招标应当以安全、服务质量、运营成本等为主要内容;线路偏僻的,采用直接授予的方式。贵州省颁布了《贵州省城市公共客运交通特许经营权管理条例》,规定"线路经营权出让应当采取招标方式。推广以服务质量为主要竞标条件的招标方式"。上海通过招标方式授予线路经营权,且规定招标可以分为公开招标和邀请招标。

(3)少部分城市仍保留有线路拍卖的制度。如重庆规定,道路运输管理机构应当根据公平、公开、公正原则,采取冷、热线路搭配机制,通过拍卖、公开招标等公开方式确定线路经营权,合理配置公共汽电车线路资源。不具备法定拍卖、公开招标条件的,经报本级人民政府批准,可以通过邀请招标或者协议方式确定线路经营权,经营权期限为4~8年。苏州规定,线路经营权由交通部门采用招标、拍卖等公平竞争的方式出让,线路经营权期限为4~8年。

湖南省对城市公共交通市场的准入和退出做出了具体的规定,要求:所有从事城市公共交通客运的企业必须具备安全运营条件,依法取得运营权许可,并持有城市客运经营许可证、运营证等相关证照。各地要制定城市客运考核评价方法,依法加强本地区城市客运企业、从业人员、运营车辆安全、服务质量等方面的监督管理和考核评价。依据考核评价结果,对不符合安全运行和服务质量要求的企业、车辆和从业人员应按照有关规定责令限期整改,直至退出。逐步形成规范有序、公平公正的城市公共客运市场秩序。在经营权出让方面,城市人民政府必须按照公开、公平、公正的原则,坚持以服务质量为主要竞标条件,采取公开招标方式确定城市公共客运经营者。城市人民政府要加强城市客运经营权管理,严禁非法转让城市公用客运特许经营权(含经营权合同),对擅自转让或变相转让、炒卖特许经营权的,要依法收回其特许经营权。

城市公共交通具有公益属性,提供的是保障人民群众基本出行需要的社会基本公共服务,这一性质决定了城市公共交通的运营不以营利为目的。因此,为了城市公共交通的有序运营,政府应采取购买公共服务的形式,并对公共服务的相应成本进行科学核算,给予企业相应的补贴。为提升公共交通服务质量,激发公共交通企业提升服务水平的内生动力,建议将政府规制补贴的30% ~40%与公共交通企业服务质量考核结果挂钩。只有公共交通服务质量达到主管部门考核指标的,才能取得全额补贴;服务质量特别优秀的,给予额外奖励;服务质量不达标的,相应扣减补贴,并应处以罚款、企业退出线路市场等相应惩罚。

在招标授权经营模式下,对公共汽电车企业的补贴,主要体现在招标的标的物上。从我国目前的实践看,线路的经营者一律通过公开招标的方式确定,并且只有营业资格审评合格的企业才能参与竞标。原则上盈利的线路以上缴利润额多者中标,亏损性线路以需要政府补贴额少者中标。政府有关部门则负责公共汽电车线路的规划、经营线路的制定(主要包括运营线路车辆的类型、营业时间、发车时间、票价等)、线路招标、经营规范实施与监督等。

在公共交通招标授权经营方面,香港有相当丰富的经验。政府与公共交通企业依据双方的专利协议,企业须在线路设计、行车时刻表、行车班次及票价结构方面满足香港政府的要求。政府通过竞争性投标在符合条件的公共交通公司中选择,政府对中标的公共交通公司通过合同方式进行管理。而上海是我国内地采取公共交通招标授权经营方式的代表性城市,2007 年 4 月初上海浦东举行了公共汽电车线路招标会,对花木线等 3 条公共汽电车线路的经营权进行拍卖。随着我国改革的深入,公共交通招标授权经营将会成为政府对公共交通政策性补贴的主要形式。

这种招标授权经营模式可充分调动公共汽电车企业的积极性，提高运营效益和竞争力，而且还可以绕开如何界定政策性亏损这一难题，通过引进竞争机制来解决如何区分线路类型，并确定弥补政策性亏损的补贴额度。同时，还通过采用"亏损额"竞标以达到减亏的目的或者用"利润额"竞标以达到增效的作用。如南京公共交通总公司多年来一直亏损严重，1998 年南京市政府在全国率先引入外资，划出一定区域让外商经营公共汽电车线路，给南京公共交通总公司带来巨大的冲击力和压力，促使他们加强管理力度以减少亏损，南京城市公共交通的运营效率和服务质量有了明显的提高。

值得注意的是招标授权经营模式并不是毫无限制的。首先，从世界范围看，任何一个城市公共交通市场均是适度开放和适度竞争的市场，但也不是无限制地引入竞争，以免打破市场平衡。在我国目前比较可行的做法是划分一定的区域或将一些线路分开，进行经营竞标。这种做法的前提条件是有多家独立经营公共汽电车企业，如我国的上海、兰州、深圳等少数城市具备了这个条件。其次对于居民出行距离日益增加的城市，其公共汽电车线网必然需随之调整优化，原来招标的线路发生变化后，如从商业区调整到郊区，运营时间的延长等，其"利润额"和"补贴额"如何随之调整的问题都值得商榷。

二、协议法律属性研究

为了规范相关行业特许经营制度的组织实施，建设部于 2004 年出台了《市政公用事业特许经营管理办法》（建设部令第 126 号），之后陆续颁布了《城市供水特许经营协议示范文本》（GF-2004-2501）、《城市管道燃气特许经营协议示范文本》（GF-2004-2502）、《城市生活垃圾处理特许经营协议示范文本》（GF-2004-2504）、《城市污水处理特许经营协议示范文本》(GF-2004-2504)、《城镇供热特许经营协议示范文本》(GF-2004-2503)5 个示范文本。各地方政府也制定了适用于本省市的特许经营条例或办法,其中对特许经营协议应当具备的内容都进行了规定。

特许经营协议是特许经营项目赖以存在和实施的法律依据,但实践中对特许经营协议的性质的认识众说纷纭,争议颇多。由于理论上的界定不一,特许经营协议的法律性质问题也是困扰市政公用基础设施特许经营实践的基本问题之一。对于特许经营协议性质的判断,不仅关系到如何设计特许经营协议,而且也关系到合同主体权利的最终保障机制的采用,即一旦合同主体间发生争议或纠纷,合同当事人到底是采用行政诉讼的方式还是民事诉讼的方式进行协商,甚至直接影响到社会投资者参与市政公用基础设施投资的信心和积极性,因此,必须对特许经营协议的性质有个明确的认识。

由于 BOT(Build-Operate-Tranfer,建设-运营-转让)是特许经营制度中比较常见的模式,因此研究中一般以 BOT 模式为基础进行探讨。目前,关于特许经营协议的性质,有的人将其界定为民事合同,认为应纳入到民法调整范围之内;有人将其界定为行政合同,认为应纳入到行政法调整范围之内;有人认为是经济合同。相应地,对于特许经营协议的法律属性,在法律理论界主要有民事合同说、行政合同说或行政许可说以及经济合同说等观点。

行政合同说因为特许经营带有“特许”二字,便认为“特许经营”是“特别许可经营”的简称,这种望文生义的结论有失偏颇。经济合同说认为政府特许经营协议不是单纯的行政合同或民事合同,它兼具行政合同与民事合同的特征,体现的法律关系更符合经济法的调整对象,因此是经济合同。但是从具体内容来看,特许经营协议更倾向于属于民事合同,属于《合同法》规范的范畴,而不属于行政法或经济法的范畴,理由有:

(1)从特许经营权的授予程序看,政府行政主管部门采用招标的方式选择投资者并授予其特许经营权,经由的不是行政许可程序;

(2)从特许经营协议的实际履行主体看,政府主管部门与特许经营者平等享受权利和履行义务,特许经营协议项下的各具体服务合同的履行主体均为企业或事业单位,是平等的民事主体;

(3)从服务费支付资金的来源看,供热、供水、供气、污水处理、垃圾处理、公共交通等基础设施的费用都由消费者支付或指定企业支付,即使是政府财政资金支付,也不应仅以资金的来源渠道认定属于行政法律关系,正如政府采购资金虽由财政支付但并不改变其民事性质一样;

(4)从特许经营权授予方式看,根据2005年12月1日颁布并自2006年3月1日起施行的《北京市城市基础设施特许经营条例》,第二章明确了政府或政府指定的行业主管部门是通过与特许经营者签署特许经营协议的方式来授予特许经营权的,而"协议"这个词根据《合同法》应理解为平等民事主体之间签订的合同,因此我们有理由认为特许经营协议是适用于《合同法》约束的,而不属于行政许可。认清特许经营协议属于民事合同的法律属性,对市政公用基础设施特许经营的实践操作具有非常重要的现实指导意义。

为实施市政公用基础设施特许经营,政府从宏观管理的角度规定了一些选择特许经营了的程序,如《市政公用事业特许经营管理办法》(建设部第126号令)第八条即规定了政府主管部门选择投资者或者经营者的程序:"(一)提出市政公用事业特许经营项目,报直辖市、市、县人民政府批准后,向社会公开发布招标条件,受理投标;(二)根据招标条件,对特许经营权的投标人进行资格审查和方案预审,推荐出符合条件的投标候选人;(三)组织评审委员会依法进行评审,并经过质询和公开答辩,择优选择特许经营权授予对象;(四)向社会公示中标结果,公示时间不少于20天;(五)公示期满,对中标者没有异议的,经直辖市、市、县人民政府批准,与中标者(以下简称“获得特许经营权的企业”)签订特许经营协议。

对于选择特许经营者的方式,建设部第126号令其实只规定了招投标一种方式。但根据《北京市城市基础设施特许经营条例》第十一条规定:“实施机关按照实施方案,通过招标等公平竞争方式确定特许经营者并与之签订特许经营协议。”明确了特许经营者的选择方式可以采用“招标等公平竞争方式”,而非建设部规定的招标的单一模式。实践中用以选择特许经营者的方式,除公开招标外,通常还有竞争性谈判、协议等方式。

三、服务协议实践探索

综合国内外经验,线路运营服务协议要考虑到当地的条件和公共交通系统的独特特征。主要表现为:

(1)承运人主体资格的特殊性。城市公共交通属于公共运输,是公用事业,应由政府提供服务。现在政府通过线路运营权协议的形式将城市公共交通事业交给公共交通企业来运营,使得法律关系由原来的政府—乘客二元关系演变为政府—企业—乘客三元关系。

(2)特许经营性质的特殊性。特许一般存在于具有自然垄断特性和资源稀缺特性的公用事业部门,而一般许可往往存在于可充分竞争的行业。由于特许往往涉及有限公共资源配置等具有相当的公共利益考量的领域,这就使得特许之后政府规制的重要内容为企业履行协议的情形;而对于一般许可,政府规制更多的在于是否符合资质要求等。

(3)经营权的特殊性。公共交通线路运营权涉及的产品或服务是一种公共产品,政府负有平等地向公民提供的特殊义务,因而政府不能通过特许授权的方式将这种义务转移给企业,企业经过特许只能拥有经营权。政府部门在特许授权之时，必须保留充分的监督权，并通过充分使用这种保留，保障获得经营权企业行为的合法性。

我国部分省、城市已经陆续发布了“城市公共交通线路特许经营示范合同文本”。湖北省2012年发布了《湖北省城市公共交通线路特许经营示范合同文本(征求意见稿)》。示范合同文本包括十五条，分别有“特许经营内容及期限、特许经营应当遵循的规范、甲方的权利和义务、乙方的权利和义务、特许经营服务质量履约保证金、特许经营年度考核、特许经营考核结果、特许经营的延续、紧急调用与处置、特许经营合同的变更、特许经营合同的解除、特许经营合同解除后的处理、违约责任、争议解决方式、其他约定事项等”。

其中明确了政府以公共交通运营服务质量考核结果作为特许经营是否延续的依据之一，对企业的年度生产计划实施情况、服务质量和安全生产情况进行监督，重点对车辆整洁合格率、车厢服务合格率、行车准点率、运营里程和运力配置等指标进行监督检查；“服务质量履约保证金”是合同中较有特色的一个环节。例如，合同规定了：

①越线经营、串线经营的，扣除5 000至10 000元服务质量履约保证金；

②违反本合同第八条，在社会发生突出事件时，拒绝甲方调度其车辆人员的，扣除5 000至10 000元服务质量履约保证金；

③年度考核评为不合格的，扣除10 000至30 000元服务质量履约保证金；

④因服务质量问题引起社会恶劣影响或者新闻媒体曝光的，或越级上访、违法群访的，扣除5 000至10 000元服务质量履约保证金；

⑤服务质量不达标，扣除5 000至10 000元服务质量履约保证金；

⑥造成重特大安全责任事故的，扣除20 000至50 000元服务质量履

约保证金；

⑦擅自转让或变相转让特许经营权的，扣除20 000至50 000元服务质量履约保证金；

⑧在规定的时间内未组织运营，或擅自停业、歇业或停运的，扣除20 000至50 000元服务质量履约保证金；

⑨未经特许从事公共交通客运经营的，扣除20 000至50 000元服务质量履约保证金。

湖南省《城市公共交通线路特许经营合同》与湖北省合同的区别在于设置了专门的“特许经营服务的质量标准、安全管理、行业规范”条款，明确了“服务价格的确定方法、标准以及调整程序”，规定了“特许经营权企业变更及特许经营权处分的限制”。

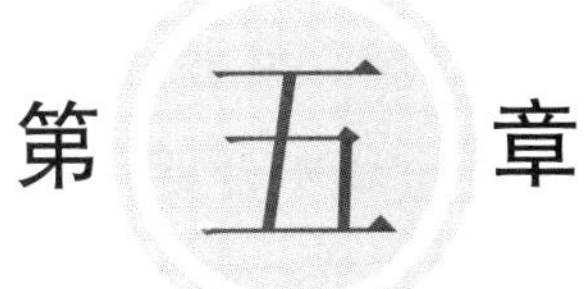

第五章

城市快速公共汽车（BRT）运营管理模式

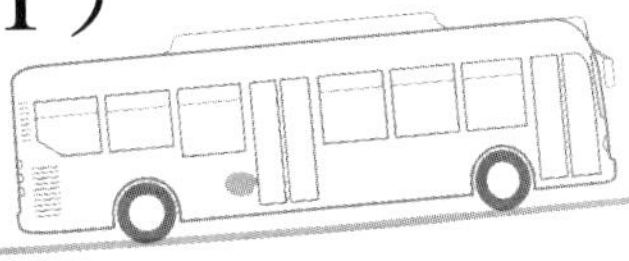

20世纪70年代以来，城市快速公共汽车（BRT）从南美兴起并以其相对城市轨道交通建设的低成本、高运营效率在全世界得到迅速发展。截至2013年年底，我国已有22个城市开通快速公共汽车（BRT），运营线路总里程突破2 753km。快速公共汽车（BRT）线路相对常规公共汽电车线路具有相对封闭性特点，为了确保快速公共汽车（BRT）试验线高效运营、满足乘客快捷、安全、有序的出行需求，提高公共交通的吸引力，有必要对快速公共汽车（BRT）的运营管理模式进行研究。本章节主要对国内外典型城市快速公共汽车（BRT）运营管理的实践经验进行综述。

第一节　城市快速公共汽车（BRT）运营管理模式的内涵

截至2013年年底，全国已有北京、广州、厦门、杭州等22个城市相继建成了快速公共汽车（BRT）系统，运营线路总里程达2 753km，比2008年增长近11倍，快速公共汽车（BRT）建设取得了显著成效。快速公共汽车（BRT）系统发展模式呈现多元化，既有严格意义上的快速公共汽车（BRT）系统，也有在传统公共交通系统的升级改造中将快速公共汽车（BRT）系统的成功元素加以部分引入的发展模式。济南、乌鲁木齐、郑州等城市初步建成了网络化运营的快速公共汽车（BRT）系统，广州、常州、枣庄等城市建设开通了快速公共汽车（BRT）走廊，快速公共汽车（BRT）系统在城市交通系统中的主骨架作用日益显现。2005—2013年我国城市快速公共汽车(BRT)发展情况如图 5-1 所示。

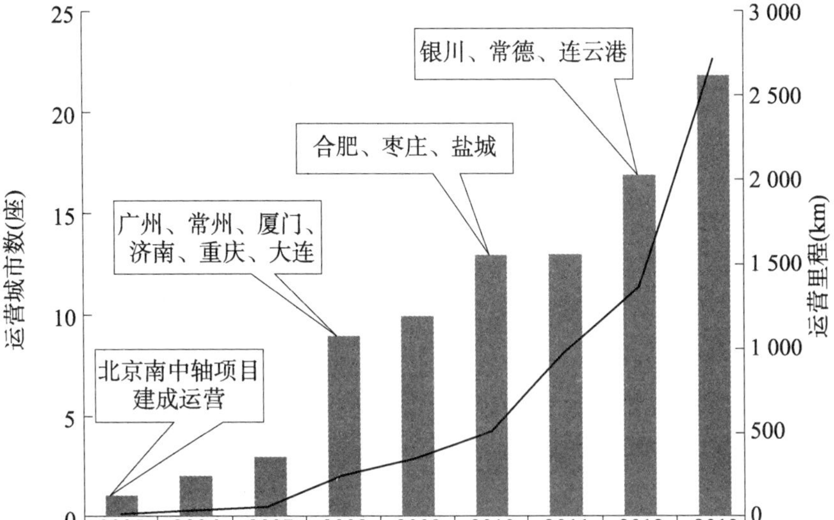

	2005	2006	2007	2008	2009	2010	2011	2012	2013
运营城市数(座)	1	2	3	9	10	13	13	17	22
运营里程(km)	16	43.5	53.5	262.5	366	514	988	1383	2753

图 5-1　2005—2013 年我国城市快速公共汽车(BRT)发展情况

一、经营模式

总结国内外城市快速公共汽车(BRT)系统运营管理成功经验,根据组建方式和管理方式的不同,绝大部分城市均采用以下两种经营模式:

1. 模式一:公共交通总公司负责运营管理

这种模式是政府将快速公共汽车(BRT)的经营权下放给公共交通总公司,公共交通总公司成立专门的管理机构,负责快速公共汽车(BRT)系统的运营。公共交通总公司对快速公共汽车(BRT)与常规公共汽电车进行统一管理,政府需要每年给予公共交通企业一定的财政补贴。

2. 模式二:成立股份有限公司

成立专门运营快速公共汽车(BRT)的股份有限公司,该公司由公共交通总公司控股,通过招标方式选择合作单位共同经营。政府对其不给予财政补贴,由该企业自负盈亏。

总体上来说,模式二弥补了模式一政府投资大、管理模式落后等缺点,更适应市场需求,适合市场化程度比较高、比较开放的城市。而模式一政府财政补贴能够保障及时到位,将最大限度地发挥快速公共汽车(BRT)的社会效益,同时管理权在公共交通总公司,对于快速公共汽车(BRT)走廊上普通公共汽电车线路的整合问题将执行地更好,有利于保持快速公共汽车(BRT)的运营效率,适合财政能力比较雄厚的城市。对于上面的两种模式,需要根据每个城市的不同情况,综合进行考虑,选择适合的快速公共汽车(BRT)经营模式,最大程度地发挥快速公共汽车(BRT)系统的效益。

根据企业数量,经营模式又可分为以下2种方式:

(1)由一家合作单位负责快速公共汽车(BRT)系统运营管理;

(2)多家经营,但实行统一调度,确保快速公共汽车(BRT)系统运营管理统一、协调,最大限度地发挥快速公共汽车(BRT)大容量、快速的运输优势。

二、票价策略

1. 低票价策略

低票价策略是公共交通运营企业在一定时间之内,通过适当降低票价或在制定新线路票价时以低于可比线路票价的方法,取得更大经济效益的一种经营策略。低价策略诱导个体交通转换为公共交通或把其他经营单位的乘客吸引过来，其中前一种效果可以提高公共交通分担率，后者可以鼓励适度竞争。

2. 换乘优惠票价政策

即同一种交通方式同一条线路或多条线路之间换乘优惠，或多种交通方式之间换乘票价优惠。这种票价政策有利于增强公共交通服务的灵活性和吸引力。

3. 调整快速公共汽车（BRT）系统内外比价关系

即通过价格手段调整快速公共汽车（BRT）和常规公共汽电车、轨道交通、出租车以及个体交通的比价关系，引导个体交通向公共交通转移，或引导客流在不同的公共交通方式之间转移。不同客运方式根据自身运营成本和服务成本，在确定票价上限和考虑乘客承受能力的前提下，允许票价有一定的下浮幅度。这种票价政策有利于促使各种公共交通方式之间合理分工、协调发展。

4. 优惠与减免票政策

即充分考虑乘客的承受能力，采取丰富的票种体系，如对常期乘客、通勤、换乘和特殊群体（老人、儿童、学生等）实行优惠与减免票价或打折或多买多送，以及推出季票、月票、周通票、月通票、联票（全天不限次数乘坐）等多种票制，给予乘客更多的优惠选择。采用这种票价政策需要注意合理确定优惠率以及各种优惠车票的功能和合理价格。优惠的范围应该控制在能够为绝大多数中低收入者服务。

5. 分区域和出行线路不同票价

城市各个区域有级差现象，不同线路也有“冷热”区别，所以可以考虑分区域、不同线路分别定价，这种票价政策有利于均衡出行者空间分布。

6. 分峰谷时段不同票价

分时段票价制是指按营运时段的不同而发售不同价格车票，其理论基础是“交通拥挤理论”。具体形式可以是时段优惠票、非高峰期票等。这种票价政策在调整公众出行者时间分布上效果较明显。

目前，国内外已建成使用的快速公共汽车（BRT）线路多采用低票价、同一通道内线路换乘免费，并实施多项优惠与减免票价的经营策略。

三、票制种类

票制是指票价结构，合理的票制是快速公共汽车（BRT）吸引乘客、保持运营效率的手段之一。目前常见的快速公共汽车（BRT）票制可分为单一票制和多级票制两种。

1. 单一票制

线路全程只有一种票价，即为单一票制。快速公共汽车（BRT）线路长度较短，乘客出行距离相差较小时，宜选择单一票制。单一票制简化了售票程序，为实行无人售票制度建立了基础。从理论上说，实行单一票制的线路，乘客的乘车距离应差异不大；如果线路较长，乘客的乘距差异较大，会造成短程乘客多付费，而长程乘客少付费的问题，有失公平。但也不应为了实行单一票制，将线路人为切断，线路的布设还是应该以客流需求为依据。巴西库里蒂巴、常州等城市采用的是单一票制。

2. 多级票制

多级票制是根据乘客的出行时间、距离或目的等，在票价上给予一定优惠的票制，目的在于吸引乘客乘车，增加快速公共汽车（BRT）系统收益。公共交通智能卡系统相对完善的城市，其快速公共汽车（BRT）系统可采用多级票制。多级票制按照划分依据可分为：

(1)分段票制，即按运营区间计费，其优点在于方便乘客换乘，而且可以充分考虑乘客的出行规律，缺点在于可能存在长、短区间收费不公的情况，温哥华、布里斯班等城市采用该种票制；

(2)计程票制，即按运营里程计费，其优点在于对乘客和企业都公平合理，缺点在于票价种类繁多，乘客使用不容易，波哥大的快速公共汽车(BRT)系统采用该种票制。

我国城市在选择快速公共汽车(BRT)系统票制票价时，应本着“因地制宜”原则，综合考虑快速公共汽车(BRT)系统特点、乘客的出行目的和出行距离差异、乘客经济承受力、运营成本、未来城市公共交通“一体化”发展需要、政府价格政策、其他公共交通方式的票价等要素，选择适合本地实际情况的票制票价结构。

四、售检票方式

售检票方式的选择是快速公共汽车(BRT)收费系统规划的首要问题，直接关系到整个系统的运营效率。借鉴国外快速公共汽车(BRT)收费系统的运营经验，依据我国国内现有的技术、经济条件，目前国内快速公共汽车(BRT)收费系统的售检票方式根据自动化程度，主要可以分为人工售检票方式、半自动化售检票方式、全自动售检票方式三种。目前西方发达国家的快速公共汽车(BRT)系统通常采用全自动售检票方式，而在南美洲部分国家和地区的售检票工作则采用的是工作人员手工完成的方式。

根据乘客付费时间的不同，乘坐快速公共汽车(BRT)主要的售检票方式又可分为以下两种：

(1)车上售检票方式。即售票和检票功能在车上完成，国内地面常规公共汽电车系统普遍采用这种方式。具体有两种车上售检票方式：

①在上车门处设置POS机和投币箱,持有IC卡的乘客上车刷卡付费同时完成检票,无IC卡乘客上车投币付费;

②在车上设置售票员,售票员配有纸质车票,乘客向售票员购买纸质车票付费同时完成检票。

(2)车外售检票方式。即售票和检票功能在车外完成,乘客在站内提前预付费。这种方式是国内快速公共汽车(BRT)系统的主流售检票方式,是缩短行车时间和改善乘客体验的最有效的方式之一。车外售检票有两种最基本的方法:

①设障控制,乘客通过门、旋转门或闸机来验票或付费。

②验票:乘客提前在售票点付款然后带着一张纸质的车票上车,再由一名检查员在车上进行检票。

这两种方法都大大地减少了行车延误,但是设障控制仍是稍微更好一点的选择。

在选择我国城市快速公共汽车(BRT)售检票方式时,应根据我国国情进行。各地应根据实际情况,综合考虑系统整体运营效率、客流需求、票制种类、车站形式、技术条件、经济指标等选择适合本地区的售检票方式。同时,快速公共汽车(BRT)售检票方式必须满足将来收费系统整合的要求,顺应城市公共交通售检票方式的发展趋势。

第二节　我国城市快速公共汽车(BRT)运营管理模式

一、北京

北京快速公共汽车(BRT)系统是中国最早的快速公共汽车(BRT)

系统，自2004年12月25日开始试运营，2005年12月30日起正式启动。目前共有7条线路（4条主线及3条支线）正在运营，其中1号线为中国大陆地区第一条快速公共汽车（BRT）线路。快速公共汽车（BRT）在北京的运营，对缓解市区交通拥堵的状况起到了较大作用，并逐渐成为北京轨道交通的有力辅助手段。

1. 管理体制

北京快速公共汽车（BRT）系统隶属于国有企业北京公共交通控股（集团）有限公司，由其下属子公司承担运营，政府通过该公司进行经营管理。北京公共交通控股（集团）有限公司是以经营地面公共交通客运主业为依托，多元化投资，多种经济类型并存，集客运、汽车修理、旅游、汽车租赁、广告等为一体的大型公共交通企业集团。从产权结构上看，该公司是一家典型的特大型国有企业；从产业组织的角度来看，其运营具有相当显著的垄断特征。

2. 票制票价

北京快速公共汽车（BRT）采用计程票制，即按运营里程计费。10km（含）内2元，每增加5km以内加价1元，不设找赎，最高票价5元。持IC卡乘车，普通卡5折优惠，学生卡2.5折优惠。因公共交通是公益性事业，低廉的价格使得市场化运作的运营公司有着巨额亏损，北京市政府会对运营公司进行一定的财政补贴。

3. 售检票

北京快速公共汽车（BRT）采用车外售检票方式，在进入站台前一次性付费。部分线路延伸路段采取上车刷卡、车内人工售票的方式。

二、广州

(一)基本情况

广州中山大道快速公共汽车(BRT)试验线(广州大道－黄浦区下元)建设方案于2008年第13届市政府常务会议第47次会议讨论通过,设计全长22.9km,全线设站26座,于2010年2月10日开始试运营。目前,日均客流量达85万人次,最高达96万人次,是亚洲第一大、世界第二大的快速公共汽车(BRT)系统。快速公共汽车(BRT)通道内车辆平均营运速度达24km/h,比开通前提高了84%,市民搭乘公共汽电车的候车时间减少15%,搭乘时间减少29%。广州中山大道快速公共汽车(BRT)是世界上首个与地铁系统、公共自行车系统物理整合的快速公共汽车(BRT)系统,每年为广州减少二氧化碳排放超过8.6万t,减少颗粒物排放14万t,创造了良好的社会效益和环境效益。同时,实现了同方向免费换乘,将东部地区17条3元以上公共汽电车线路票价统一降低至2元,乘客享受每月15次之后6折优惠,平均每天为市民节省148万元。

1.运营主体

2006年时任市长张广宁对广州市交委《关于落实穗市长会纪〔2006〕号情况的报告》(穗交〔2006〕804号)批示要求,所组建的快速公共汽车(BRT)运营公司最好在现行国企公司中进行,广州因此组建了专门的快速公共汽车(BRT)运营公司——广州快速公交运营管理有限公司。该公司隶属于广州市交通站场建设管理中心,主要职责为快速公共汽车(BRT)站场管理、通道监控、调度监管、票务结算及清分、站场设施维护等。

2. 组建方式

由一巴、二巴、三巴三大板块企业或其中两个板块企业（如一巴、三巴）按比例共同组建快速公共汽车运营股份公司。

（二）相关问题及解决思路

1. 线路调整及人员安置问题

按广州市领导对组建快速公共汽车（BRT）运营公司最好在现行的国企公司中进行的批示要求，采取了以下措施：

（1）加快推进公共交通资源整合，减少经营主体数量；

（2）如暂未能完成公共交通资源整合工作，则采用线路置换、调整等方式将新福利、溢通、马会等3家企业线路调离快速公共汽车（BRT）走廊，尽量减少中山大道线路经营主体数量。

2. 股比问题

（1）方式一，以经行快速公共汽车（BRT）通道内线路长度、配车数等要素确定各企业在新公司中所占股比。计算公式见式(5-1)。

$$\eta=\frac{\sum\left(n\cdot\frac{l}{L}\right)}{\sum\left(N\cdot\frac{l}{L}\right)}\times 100\% \tag{5-1}$$

式中：η——企业所占股比，%；

n——企业线路配车数，辆；

N——三大板块企业线路配车数，辆；

l——经行快速公共汽车（BRT）通道内的线路长度，km；

L——线路长度，km。

其中，板块企业置换新福利、马会、溢通等公司的线路计算在该公司所占的股额,例如溢通公司561线路置换给三巴公司,则计算股比时将561纳入三巴公司线路范围;调离快速公共汽车(BRT)走廊的线路则由原经营企业经营,不纳入股比计算参考范围。

(2)方式二,将三大板块企业占全市现有公共交通资源份额作为股比成立股份公司。

3. 车辆问题

由于快速公共汽车(BRT)近期采用现有车辆,远期新购18m快速公共汽车(BRT)专用车辆,因此,近期所需快速公共汽车(BRT)车辆按企业所占股比在本企业内选用车况优良、符合快速公共汽车(BRT)营运要求的车辆,作为股份公司资产。快速公共汽车(BRT)投入营运后,原经行中山大道富余车辆作为原公司资产由原企业自行处理。

4. 管理人员及一线职工安置问题

股份公司董事会及高层管理人员按相关公司制度成立;中层管理人员及一线职工优先从三大巴士公司现职人员中选用,富余人员由三大巴士公司在本企业内部进行安置。

(三)利弊分析

1. 优点

(1)通过组建快速公共汽车(BRT)运营股份公司,可较好地解决多家经营难以对快速公共汽车(BRT)系统实施统一运营调度、协调管理等问题,避免多家经营可能发生发车不均衡、不公平竞争等各种问题。

(2)将涉及快速公共汽车(BRT)通道内所有线路(摆渡线、大站快车线、借道线)由一家公司经营,较好地解决票务清分问题。

(3)有利于调动企业经营积极性,让企业在线网规划、运营调度管理、快速公共汽车(BRT)系统硬件设施维护等方面更积极、主动，最大限度提高快速公共汽车(BRT)运营效能。

(4)成立股份公司在企业间对股比问题协商一致情况下即可完成组建工作，组建难度相对较小，所需时间相对较短，有利于加快后续工作的推进，可操作性更强。

(5)可较好地处理经营风险分担问题，如快速公共汽车(BRT)经营出现亏损，多家公司分摊风险，有利于企业正常运作。

2. 缺点

(1)由于组建股份公司涉及资金流转，需缴纳相应的税费，从而增加财务成本。

(2)新公司股比确定及计算方式可能存在一定争议。

(3)三大巴士公司以外的线路调整与置换存在一定难度。

三、银川

银川快速公共汽车(BRT)1号线于2012年4月开工建设，9月10日正式投入试运营，线路全长21.3km。自运营以来，客流量始终呈上升趋势，日客流量从最初的6万多人次上升到近10万余人次，8条支线日客流量达到14万人次，“一主八支”日客流量近24万人次，银川市公共交通分担率也由快速公共汽车(BRT)建设初期的20%提高到26.8%。根据规划，到2018年建成运营“两纵两横”的城市快速公共汽车(BRT)网络，总里程达90.7km。

1. 运营主体

根据银川市委、市政府“把快速公共汽车(BRT)建设成为我市最重要客运走廊，方便市民出行，缓解城市交通压力，同时着力打造快速公共汽车(BRT)精品线路,使之成为我市一条靓丽风景线”的指示,银川市公共交通有限公司于2012年8月组建了“银川市快速公交有限公司”,隶属于银川市公共交通有限公司。

2. 运营情况

银川快速公共汽车(BRT)采用车外售检票,1元1票制。快速公共汽车(BRT)1号线的路权设计采用路中式快速公共汽车(BRT)专用车道方式,利用护栏将快速公共汽车(BRT)专用道与其他社会车道分离,车站设置为中央侧式站台。运营采用“一主八支”组合线路运营模式,8条支线在快速公共汽车(BRT)1号线的19对站点中实行同台同向免费换乘。快速公共汽车(BRT)2号线拟采用“路侧式专用道(震荡黄线隔离)+侧式站台+右开门车辆”以及“中央公交专用道(震荡黄线隔离)+中央对位式站台+右开门车辆”两种模式,需要对快速公共汽车(BRT)站点位置中央绿化带进行拆除。

第三节 国际典型城市快速公共汽车(BRT)运营管理模式

一、库里蒂巴

库里蒂巴市位于巴西南部东南沿海地区,是巴拉那州的州府和巴西第三大城市。大都市区人口277万,面积15622km^2;市区人口159万(2000年),面积432km^2。其完善而又高效、成本相对较低但却十分独特、与城市融为一体的公共交通系统最引人注目。库里蒂巴市的公共交通系统，其最大特点是利用地面常规公共汽电车解决城市交通问题，使人们从建设城市轨道交通高昂代价的困境中看到了一种更为经济的方式。因此，库里蒂巴市的公共交通系统在国际上享有崇高的声誉。

库里蒂巴市的城市交通系统以高效率与低成本而闻名，其社会经济与环保的成功使交通系统发展显著。目前，库里蒂巴市是巴西人均 GDP 最高的城市之一，也是巴西小汽车拥有量最高的城市，市区机动车总数约 70 万辆，平均每 3 ~ 4 人拥有 1 辆小汽车。尽管如此，工作日 75% 的通勤出行依赖公共交通，平时公共交通出行比例达 47%，人均公共交通出行次数为 350 次。极高的公共交通分担率也是库里蒂巴市减少交通系统对环境的冲击、实现可持续发展的基础之一。因此，库里蒂巴市早在 2002 年被联合国评为“最适合人类居住城市”。

1. 管理体制

库里蒂巴的快速公共汽车（BRT）系统由市政府管辖的城市公共交通（URBS）管理。这家公司为公私合营企业，由市政府控股（市政府占股 99%，私人占 1%），公司总经理由市政府任命。该公司管辖 10 家私人公司，私人公司从城市公共交通公司（URBS）得到公共交通车辆和提供公共交通服务的运营许可证，负责完成具体的运营。州政府给私人公司提供许多便利，如为私人公司向银行贷款提供担保等。票制系统由综合公共交通系统基金会负责，专门设有一个机构来研究制定票制体系，采用市政府控制运营里程，私人公司完成运营里程，由基金会发售车票的管理体制。多年来这种管理体制使私人公司能有 10% 的利润，以保证库里蒂巴市一体化公共交通系统的良性发展。

快速公共汽车（BRT）系统的票款收入归城市公交公司（URBS），该公司以私人公司所提供的服务为标准进行车票收入分配，具体的分配数额是由公式计算得出,该公式的变量包括车辆运营里程、所提供的服务类型和所提供的公共交通车辆的类型。从分配到的车票收入中,私人公共交通公司支付其全部运营支出,并依据公共交通车辆的服务年限和种类支付车辆更新支出。另外,政府每月向私人公司支付一定的补贴。城市公共交通公司(URBS)从票款收入中提取毛收入的4%作为管理费,同时从盈利较好的公司中,获取部分资金保留在统一基金中用于公共交通事业的再发展。

2. 票制票价

库里蒂巴市公共交通票价由城市公共交通公司(URBS)和私人公司依据运行成本共同制定,同时由城市公共交通公司(URBS)根据通货膨胀率而调整票价。现今库里蒂巴市公共交通系统实行一票制,面值40美分(大约3.5元人民币),可以在站台向售票员买票,也可以预先买票(比如商店、报亭等)。票据采用多个种类,如单个票据、联票(10张或5张)、月票、日票、金属代币、电子卡等,这些票的特点都是提前收费,并可在公共交通售票点、超市、杂货店出售。乘客可根据自己的出行需要,选择价格最优惠的票据。对有工资收入的库里蒂巴市居民,如果花费在公共交通上的费用超过可支配收入的6%,其超过部分由政府补贴。对于住在穷人区的穷人,可以通过清扫垃圾换取公共汽车票。

二、波哥大

20世纪末,为了改善城市交通状况,在中央政府和私营企业的支持下,波哥大地方政府制订了一个整体化交通战略,提倡非机动化交通,减少私人汽车的使用,建设巴士快速交通系统。1998年开始筹划实施建设波哥大新世纪快速公共汽车(BRT)系统,2000年1月动工开建,2000年

12 月 18 日建成开通了第一阶段 42km 中 15.5km 的一段线路，2006 年 10 月共有长达 85km 的快速公共汽车（BRT）线路建成投入运营，第三阶段的 38km 于 2008 年年底完全建成并投入使用。根据规划，到 2026 年，波哥大新世纪快速公共汽车（BRT）系统总长将达 388km，服务覆盖波哥大首都地区 85% 的区域。

1. 管理体制

波哥大新世纪快速公共汽车（BRT）系统拥有一个负责规划、管理和掌控系统的永久性机构——新世纪快速公共汽车管理公司，这是一家由波哥大市市长办公室拥有的州有股份公司，拥有健全的人员组织机构，目标集中在制定线路运营规划、管理和监控运营合同上。管理公司的日常工作和运作资金主要依靠提取票款总收入，提取比例一般为 4%，其次来源于站台的广告收入。

波哥大新世纪快速公共汽车管理公司通过招标，选择线路运营公司和票务系统运营公司。主要分工：波哥大新世纪快速公共汽车管理公司代表政府门负责快速公共汽车（BRT）系统的规划、管理及监控，并决定快速公共汽车（BRT）的票价标准；中标的运营公司与新世纪快速公共汽车管理公司签订为期 10 年的合同，享有快速公共汽车（BRT）系统及公共交通票务系统运营权。这种模式的优点有以下 3 个方面：

（1）以政府为主导的系统规划和设计有助于形成合理、高效的快速公共汽车（BRT）线路网络，为系统运营提供保障；

（2）运营公司专门负责具体运营工作，并以运营车公里为依据获得运营成本补偿，收入有了保障，从而将主要精力投入到提高系统运行效率和服务水平工作中；

（3）票务系统运营公司专门负责票款收入，票款收入存放在一家信托公司,由其负责将有关的费用支付给系统各运营方,收入分配全过程由第三方资金监管机构监管,保证了收入分配的公开透明。

2. 售检票方式

新世纪快速公共汽车(BRT)系统采用车外售检票的方式,乘客使用无接触式的智能卡通过多门的站台进入车站,然后登乘快速公共汽车(BRT)车辆。使用现金的一般票价是6.2元,使用智能卡的一般票价是6.5元,乘客可以免费换乘。

售票系统包括智能卡的制作和销售、读卡机的装配和维护、信息处理和票款现金收入分配的管理。这些工作由通过竞标赢得特许经营合同的私人企业负责。票款收入存放在一家信托公司,由其负责将有关的费用支付给该系统的各个代理方。

相比之下,库里蒂巴市与波哥大市对快速公共汽车(BRT)系统的运营管理有相同之处亦有相异之处。相同之处是两市均采用政府与私人公司组成伙伴关系的方式提供公共交通服务,主要的监管者和策略规划者仍是市政府,但日常的监管服务水平、运营规划任务则委托市政府全资拥有的一家公司负责,而公共交通服务则交由私人公司经营。主要的相异之处是在于特许经营授权办法、财政管理、票务的处理,以及谁对违背运营合约企业做出处置等方面。此外,波哥大新世纪快速公共汽车管理公司更具有独立性,在法制上能授予专营权而非仅仅发出许可证给予运营企业,并且它的信托宪章允许它以合约方式将票务交由私人企业执行,使得财务管理更具灵活性和减少政府内部财务规条的干扰。该公司亦同时负责市区内公共交通规划及基础设施规划。

城市轨道交通运营管理模式

截至2013年年底，我国内地已有15个省（直辖市）共18个城市开通了城市轨道交通，运营线路长度达2408km，涵盖地铁、轻轨、单轨、磁悬浮和有轨电车等多种制式。城市轨道交通的高昂造价要求采用高效、集约的运营管理模式。本章主要选取国内外典型城市轨道交通运营管理模式案例进行分析。

第一节 我国典型城市轨道交通运营管理模式

“十二五”的前三年，城市轨道交通运营线路长度从1471km增加至2408km，年均增长312km，年均增长率达18%；开通城市轨道交通的城市数从12个增加至18个，年均增长2个，年均增长率达14%。截至2013年年底，我国已有15个省（直辖市）共18个城市开通了城市轨道交通，运营线路长度达2408km，涵盖地铁、轻轨、单轨、磁悬浮和有轨电车等多种制式。2008—2013年全国内地城市轨道交通运营线路长度及开通城市数量统计如图6-1、图6-2所示。

目前，我国城市轨道交通在运营管理中存在以下4个突出问题：

（1）运营管理体制有待完善。很多城市的轨道交通由政府投资、建设、运营和监管，实行的是政府包揽包办、单一投资的模式，导致部门保护和行业垄断，系统运营效益相对较低。

（2）缺乏适度竞争的机制。我国大部分城市轨道交通系统的运营效率较低，对政府财政补贴的依赖程度较高，政府负担较重。这种运营管理模式由于产权不明晰，且缺乏市场竞争的压力，导致成本失控、服务水平不高，综合运营效率低。

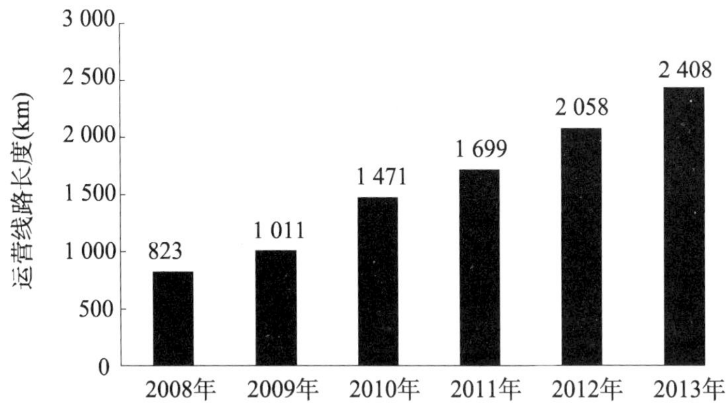

图 6-1　2008—2013 年全国内地城市轨道交通运营线路长度

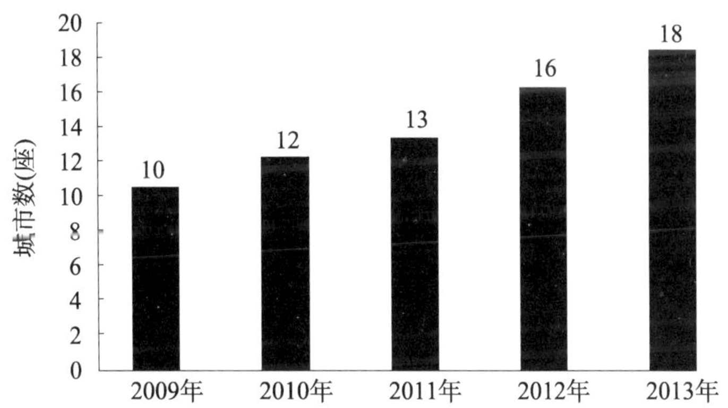

图 6-2　2008—2013 年全国内地开通轨道交通的城市数

(3)投融资渠道相对单一。目前我国城市轨道交通建设的资金来源主要通过政府投资、国内外银行贷款、发行债券或专项基金等渠道，实际操作中，政府承担部分较多，社会资本参与度不高。以广州地铁二号线的筹资方案为例，详见表 6-1。

广州地铁二号线资金来源情况一览表 表6-1

来 源	金额(亿元)	所占比例(%)
财政资金	83.09	69.48
国债资金	6.00	5.02
银行贷款	30.50	25.50

(4)科学的票制票价体系还未形成。我国多数城市仍然实行轨道交通单一票价和低票价制,同时,票款收入在运营收入中的比重占绝大多数,导致低票价下企业运营收入低,自身盈利能力差,难以实现可持续发展。世界部分城市地铁运营情况见表6-2。

世界部分城市地铁运营情况 表6-2

国 家	城 市	车票收入(%)	其他商业性收入(%)	政府补贴(%)
墨西哥	墨西哥城	13.0	1.0	86.0
英国	格拉斯哥	33.5	3.0	63.5
瑞典	斯德哥尔摩	34.1	3.2	62.7
法国	巴黎	36.0	10.6	53.4
西班牙	巴塞罗亚	44.0	4.0	52.0
西班牙	马德里	51.0	1.0	48.0
日本	札幌	43.0	9.5	47.5
日本	大阪	75.0	25.0	0
日本	东京	46.0	31.0	23.0
德国	汉堡	55.0	10.0	35.0
中国	香港	95.0	5.0	0

综上可以看出,由于城市轨道交通票价实行政府定价的较低票价,随着城市轨道交通建设投资的加大和政府财政压力的增大,政府对城市轨道交通的单一投融资已经无法满足我国城市轨道交通快速发展的需要。广州、上海、香港等城市陆续进行了城市轨道交通现代运营管理模式的探索。

一、广州“一体化”模式

广州轨道交通由广州市政府投资，并委托广州市地下铁道总公司(以下简称广州地铁)全权负责建设、运营、资源开发等职能。

广州地铁对建设事业部、运营事业部、资源开发事业部实行一体化经营管理，在保证运营的前提下，不断控制成本，增加收入。

1. 控制成本方面

(1)在建设方面，与轨道交通一号线相比，二号线实现了70%机电设备国产化，大大减少了进口设备的高费用支出，并且积极采用新工艺、新技术降低轨道交通线路造价；

(2)在初期购置方面，广州地铁在满足运营条件的前提下，采用全面预警、物资采购比质比价程序、设立最低或零库存定额、建设供货商数据库等一系列成本控制方法；

(3)在运营设备运用上，三号线采用的移动闭塞信号系统大大提升了三号线的运营效率，降低运营费用，四号线采用线性电机，使车辆转弯半径减小，大大缩减车辆综合维修基地的用地面积，使投资成本得以控制。

2. 增加收入方面

收入增加体现在运营收入和资源开发业务收入上，广州地铁借鉴香港地铁以业养铁的模式，对轨道交通附属资源进行了大力开发，坚持以房地产业务为首，同时加强广告、通讯、商贸等核心业务的开发经营，由此带动了地铁沿线经济，而高密度的土地利用反过来又为轨道交通提供了充足的客流，增加了票务收入，使运营与资源开发形成良性循环。

除此之外，广州地铁在建设方面提供施工配合，对相关商业等各类社会资源进行整合，实现资源开发最大经济效益。广州地铁在2001年通过轨道交通票务收入和轨道交通资源的综合利用，实现可弥补运营亏损的经营利润6100余万元，抵减运营亏损后（不计折旧，房产税和土地使用税）的税前盈余2400多万元。

二、上海“专业化”模式

2000年4月28日，上海轨道交通将“投资、建设、运营、监管”的四分开体制正式启动（图6-3），在纵向四分开的同时实行横向适度竞争原则。

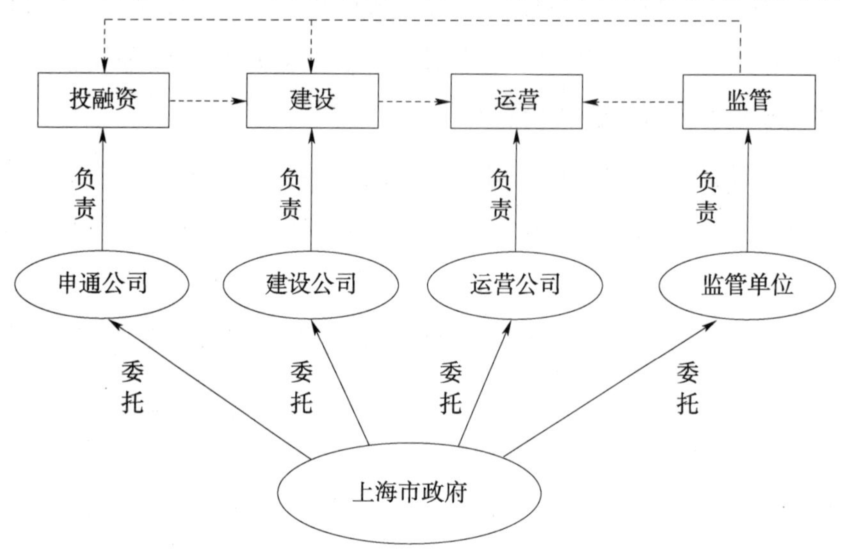

图6-3　上海市轨道交通四分开模式

上海轨道交通的投融资业务由“申通集团”负责。申通集团主要通过政府注资、沿线开发、多元投资、发行地方债券、利用外国政府贷款、国际金融组织贷款及国内银行贷款等方式解决资金筹措问题。

上海轨道交通的建设业务由上海地铁建设有限公司、久创建设管理有限公司、港铁建设管理有限公司（香港地铁下属建设公司）以及中国铁道建设总公司等通过投标方式获得。

上海轨道交通的运营业务由上海地铁运营有限公司与上海现代轨道交通股份有限公司通过投标方式获得轨道交通某线路的运营管理权。由于实行横向竞争,2001 年,上海申通集团成功对上海凌桥股份有限公司进行股权收购,将其改名为申通地铁,成功将上海轨道交通一号线从上海地铁运营有限公司中剥离出来注入申通地铁。

上海轨道交通的监管业务由城市交通管理局及下属的轨道交通管理处负责,通过起草城市轨道交通有关规范、条例,对轨道交通建设、运营进行监督管理。

上海“专业化”模式的优点为:专业化运作,加快建设步伐;有利于解决融资以及形成建设、运营的专业化市场、引入竞争机制,实现了内部分工和相互监督,有利于提高服务质量和管理效率。缺点为:出资人无法对建设资金实行有效管理;建设与运营衔接比较困难;投资方偏重于控制投资和压缩成本,不能为建设提供良好的资金条件。

三、香港 PPP 模式

香港轨道交通作为世界上先进的轨道交通系统之一,归功于其所采用的 PPP 运营模式。香港轨道交通的投资、建设及经营均由香港地铁有限公司承担,政府只投入了不足$\frac{1}{3}$的资金,其余资金通过各种融资渠道获得,如股票、债券、贷款和融资租赁等。其运营模式如图 6-4 所示。

香港地铁有限公司(简称港铁公司)是香港轨道交通建设、运营、管理的唯一主体,其前身香港地下铁路公司成立于 1975 年,由香港政府全资拥有。2000 年 6 月底,改组为港铁公司,并进行首次公开招股,香港特区政府为公司最大股东,持有 77% 的股份。股票融资高达 94 亿港元,并向投资者承诺在未来 20 年内,特区政府持股比例逐渐减少到 50% 。同时，一直以来对公办企业实行严格监管的香港特区政府，对香港轨道交通有着一套行之有效的监管机制。

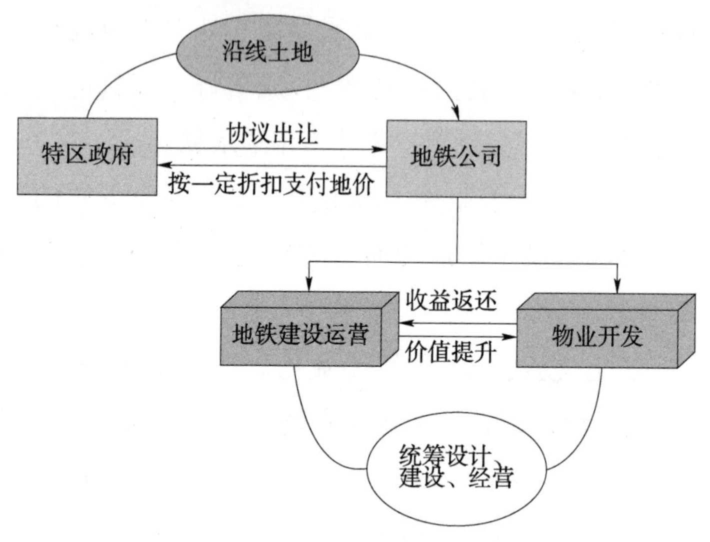

图 6-4 香港轨道交通运营模式

香港轨道交通 1979 年投入营运，1991 年开始达到年度盈亏平衡，1996 年后收回投资，在 2000 年实现纯利润 40 多亿港元，并于当年上市，率先打破轨道交通不能盈利的神话，成为世界上屈指可数的盈利轨道交通之一。

我国城市轨道交通作为基础设施，多采用国有国营模式（香港的 PPP 模式除外），但从投融资、建设、运营、监管这四项业务的管理方式上可分为一体化模式和专业化模式。结合国内外城市轨道交通运营模式特点可以得出，由于各城市的宏观政策、经济状况、人口特点存在差异，各城市的轨道交通运营模式不尽相同，我国在借鉴各城市的轨道交通运营模式时，应将城市特点和借鉴城市特点形成对比，根据政府财政状况、市场化程度、客流量大小和民间资本等因素，综合评估各运营模式的优劣。

四、各种运营管理模式的比较

城市轨道交通运营服务是公共产品，具有公益性和商业性两重属性，应以公益性为主；但由于存在着亏损问题，必须进行商业化运作，加强商业化经营，在确保安全、方便，提高公益性的基础上追求利润。

（1）上海轨道交通：给予较大的自主经营权，实行财政退税、房产税减免、所得税优惠（轨道交通盈利起 5 年内所得税优惠）、在成本计提上不提折旧或少提折旧，享受多种经营补贴等。通过多种经营补贴基本实现了盈亏平衡。

（2）北京轨道交通：采用了用电单一计价、设备更新贴息贷款、技术改造专项财政拨款、土地使用税减免、地下建筑房产税减免等优惠措施，同时在折旧计提、成本核算等方面也给予了实际优惠，并采用了亏损补贴方式（1、2 号线给予全额补贴，亏损多少补贴多少；13 号线和八通线不给予直接的补贴，但对亏损实行挂账方式）。

（3）广州轨道交通：采用了用电单一计价、贷款本息政府包干、轨道交通沿线部分土地物业开发权、房地产税费全部减免、政府每年给予 3 000万 ~5 000 万元的专项补贴等优惠政策，在政策上允许轨道交通按照经营状况适当提取年度折旧和在发生当期列支大修理支出等。

第二节　国际典型城市轨道交通运营管理模式

城市轨道交通的运营管理模式在世界各国出现了多样化的趋势。由于世界的各个城市发展城市轨道交通的历史条件和经营环境不同，形成了各种各样的城市轨道交通管理模式。按资产属性及运营企业性质

划分,国际典型城市轨道交通的运营管理模式主要可以分为以下6种:

一、有竞争条件下的公办公营模式

有竞争条件下的公办公营模式是指线路为政府所有,两家或两家以上的运营单位通过招标方式获得经营权,是一种带有计划性质的市场竞争。在此模式下,政府给企业的补助较为优厚;公办性质的企业不能过分重视盈利,因此票价具有福利性;同时,由于创造了一定的竞争环境,客观上提高了企业的主观能动性。

专栏6-1 韩国首尔城市轨道交通系统

首尔的城市轨道交通系统由政府出资修建,委托国有企业运营;在同一个城市内有两家以上的城市轨道交通企业,它们通过招投标的方式获得新线路的建设及经营权。轨道交通从运输税务系统得到补助金,但每年有亏损。燃料税是运输税务系统资金的主要来源。为弥补亏损,市政府不得不注入额外的资金发行债券。轨道交通系统在获得不动产和注册方面是免税的,也不用上缴公司所得税、城市建设税和营业税。

首尔城市轨道交通网络包括首尔地铁和首尔铁路系统两部分,分别由首尔地铁公司、首尔快速城市轨道交通公司和韩国国家铁路公司三家国有企业运营。

二、垄断的公办公营模式

垄断的公办公营模式是指线路为政府所有,一家单位独立经营,或两家以上的单位按行政区域划分经营范围。伦敦、纽约、北京、广州、柏林、巴黎等城市的轨道交通运营管理都是属于这种模式。该模式的特点是城市轨道交通的运营者由政府指定,并由政府给予相应补贴。

欧美国家多是采取垄断的公办公营模式,主要是因为欧美国家的城市轨道交通系统客流密度比较低,系统少有盈利的可能。这些城市一般由非营利性的公共团体代表政府管理城市轨道交通,票价带有极大的福利性,运营收入不能抵偿运营成本,主要靠补助金支持日常开销。

专栏 6-2 纽约轨道交通系统

纽约轨道交通系统在纽约市交通局的管理下,该局是纽约政府的下属机构,负责管理纽约市内的公共交通系统。运输局的董事会成员基本都由纽约州政府指定,其余部分由纽约市市长或郊区各县的官员指定。自 1950 年以来,纽约的所有城市轨道交通系统的资金补助都来自市政府、州政府和联邦政府的拨款。其中,运营费用便占了总拨款的 65%,不足的部分由州政府和联邦政府补贴,税收收入用以补贴运营所需的资金。1999—2004 年年底这 5 年中政府补贴拨款高达 340 亿美元。

三、公办民营模式

公办民营模式是指线路为政府所有,交由民间股份占主导的上市公司经营。新加坡的轨道交通运营管理属于这种模式,新加坡国土运输局拥有城市轨道交通的所有权和建设权并承担建设费用,而轨道交通的运营由新加坡快速城市轨道交通公司负责,该公司的最大股东为一家私人企业。

专栏6-3　新加坡轨道交通运营管理模式

新加坡轨道交通是把建设和运营分开的一种模式，所有线路都在国土运输局建设完成以后交付运营公司使用。国土运输局是新加坡城市轨道交通系统的建设者和所有者，同时还是运输规则的制定者。它制定规则确保系统的正常运营和养护维修等工作。运输局通过与新加坡快速城市轨道交通公司签订租借合同授予运输局轨道交通线路的经营权，并对运输局的行为进行约束。

新加坡轨道交通运营管理模式的主要特点有以下4个特点：

(1)轨道交通作为福利由政府负担建设费用；

(2)淡化运营公司的职能，运营公司没有线路的所有权，政府不干涉运营收入也不对运营开支进行补贴；

(3)运营公司完全民营，第一大股东为私人投资公司；

(4)由政府指定运营水平和规则，以此保证城市轨道交通的公共福利性质。

此外，还有线路为政府所有，交由政府股份主导地位的上市公司经营的模式，这种模式可以称为公办半民营模式。香港轨道交通就是采用这种运营管理模式，虽是市场化运作，但是香港政府为地铁公司提供担保，从多个方面干涉地铁公司的运营。

四、多种经济成分构成模式

多种经济成分构成模式，即公私合营，线路归政府和地方公共团体所共有，同样由政府和地方公共团体组织人员经营。东京的城市轨道交通系统很早就引入了多种经济成分,例如有政府投资、商业贷款、民间投资、交通债券等多种形式,充分开拓了融资渠道。

专栏6-4 东京轨道交通系统

日本国土交通省是日本政府主管城市轨道交通事业的部门,主要通过运用建设补贴、票价管制等手段进行调控,并可随时对东京轨道交通运营安全进行检查。东京轨道交通主要由东京地铁公司和东京都交通局进行建设和运营。两者既是互补的关系,也是竞争的关系。

东京地铁公司是以经营东京都会区轨道交通线路为主要业务的公司法人,目前负责经营9条轨道交通线路。东京都交通局从20世纪70年代起开始修建轨道交通,目前共建设和经营4条铁路线路,全程109km。

各运营公司独立设置调度系统,票价可以分别确定,但需要报政府批准。企业可以根据实际情况在不突破上限的条件下进行适当调整或进行营销方面的策划。

五、纯私营模式

纯私营模式,即线路由私人集团投资兴建,私人集团经营,政府无权干涉私人事务。以曼谷轻轨为例,曼谷轻轨的建设和运营由一家私人企业控股的公司——曼谷大众交通系统有限公司(简称BTS)负责,泰国政府通过合同形式对轻轨建设和运营以及该公司的股本结构进行约束,并对其建设和运营进行监管。

专栏 6-5　曼谷轨道交通运营管理模式

曼谷城市建设委员会(BMA)与 BTS 签订了为期 30 年的特许经营协议,规定项目沿线工程用地由曼谷市政府提供,曼谷轨道交通公司拥有线路延伸的优先权;允许曼谷轨道交通公司保有 100% 的收入;运营的前 8 年曼谷轨道交通公司的利润无需交纳税金;同时也规定在 30 年的运营期内,BTS 的母公司对曼谷轨道交通公司的持股比例不得低于 51%,且限定运营平均票价为 20 泰铢。

这种模式下,政府不提供建设资金,不分担项目风险,私人公司控股能从一定程度上激发私人投资者的兴趣,但票价、线路走向等敏感问题上政府与私人投资者不可避免会发生冲突,政府难以保证城市轨道交通作为公共福利事业的本质。且城市轨道交通的投资回收期长,私人投资者要有头几年亏损的情况下偿还贷款利息的心理准备。从泰国曼谷的捷运(Skytrain)项目看,亏损严重,无财团愿意继续二期扩建投资,前景黯淡。

第七章

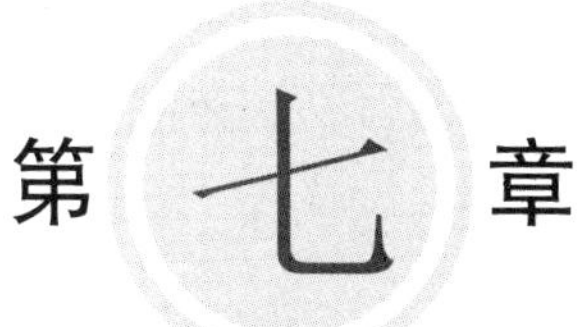

我国城市公共交通运营模式改革的政策方向解析

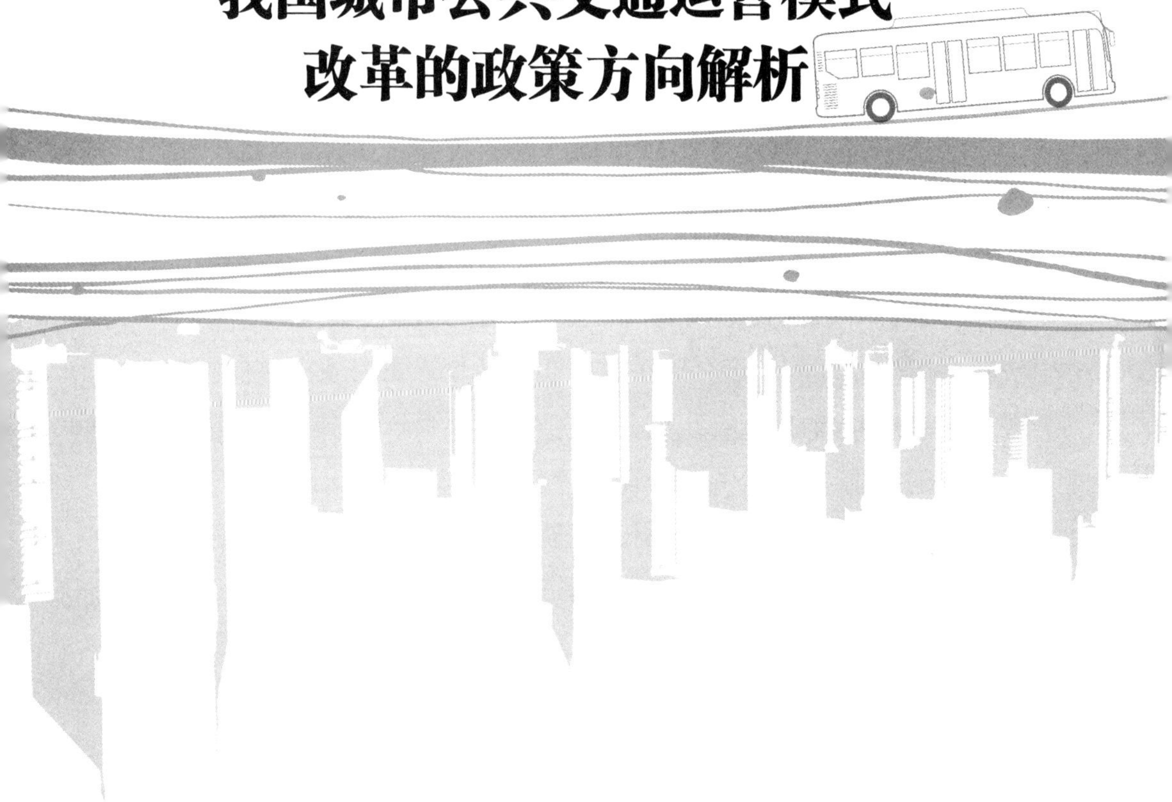

本章在理论分析、实践总结、国际比较的基础上，结合我国经济社会发展特点和城市公共交通发展的历史阶段，找出城市公共交通发展改革的政策方向。

第一节　我国城市公共交通运营管理模式改革的趋势方向

目前，我国正处于新型城镇化建设的关键时期，其核心思想之一是把小城镇的发展纳入整个城市化的进程之中，走大中小城市与小城镇协调发展之路。在此背景下，城市公共交通的出行需求不断增加，线网覆盖率不断提升，市场供给结构也在逐步发生变化。

随着十八届三中全会以来政府职能转变等重要政策方向的推进，以及社会化进程的加速，传统的公共交通运营管理模式显然已无法有效回应社会的需求，城市公共交通运营管理模式改革势在必行。

新时期的城市公共交通行业发展应实现以下 5 个方面的定位。

(1)坚持公共交通的公益属性。必须认识到城市公共交通提供的是公共服务，体现的是公共利益，必须从立法保障、财政扶持、措施保障的角度坚持其公益性的定位，创新利用市场机制运营公益性公用事业的模式。

(2)保障居民基本出行需求。必须从维护最广大人民根本利益的高度，推进城市公共交通运营管理模式改革。加快建立健全城市公共交通服务体系，推进线路优化合理布局，提升企业服务质量和服务水平，让人民群众愿意乘公共交通、更多乘公共交通。

(3)服务城市安全有序运行。城市公共交通是保障城市安全、有序运行的大动脉。当前,城市公共交通行业还存在管理效率低、制度建设缺失、站场设施落后、车辆设备老旧、驾驶员安全意识不强等突出问题,客观上制约了城市公共交通的安全运行。为此,应规范城市公共交通市场运营秩序,并严格执行安全生产制度,确保运行安全可靠。

(4)促进社会生态文明建设。城市公共交通是社会生态文明建设的主力军。城市公共交通行业应通过不断优化运营线路网络,促进绿色车辆设备更新,加快智能化信息化发展,提高城市公共交通的组织化水平及运行效率,缓解交通拥堵,改善空气质量。

(5)实现行业的可持续发展。城市公共交通行业发展健康与否的重要指标,是实现行业定位的基本保障。新时期城市公共交通发展必须是市场秩序良好,政府与市场、政府与企业、政府与社会的关系融洽、分工明确,票制票价体系合理、以服务质量为导向的补贴机制健全和监管考核有效并具有充分协调的、有利于行业经济效益的、能实现可持续发展的公共交通服务体系。

在当前和今后一段时间,我国城市公共交通的发展将引领城市发展和城镇化进程,结合贯彻落实科学发展观和党的十八大精神,积极实施党中央、国务院关于城市公共交通优先发展的战略要求,应按照因地制宜、分类指导的原则,构建规模经营、适度竞争的城市公共交通运营管理模式,从完善体制机制、改革政府管制、体现服务质量评价等方面,通过利用市场机制,科学实施政府监管,充分满足市场需求,并最终实现行业的安全、便捷、高效、节能、绿色发展。

主要发展方向有以下 5 个方面:

(1)按照现代企业制度要求建立健全公共交通企业的治理结构和激

励约束机制。

(2)建立财政补贴与服务质量相关联的机制，健全服务质量评价结果奖惩制度，实施公共交通服务质量为导向的公共交通服务购买模式。

(3)要充分利用市场机制，在确保公益性定位的前提下，实现城市公共交通市场的规模整合。

(4)要建立以线路运营权授予为核心的公共交通市场准入和退出制度。

(5)要鼓励第三方中介机构等社会力量参与公共交通服务质量监督。

第二节　我国城市公共交通运营管理中的政府和企业定位

城市公共交通运营管理模式改革的实质是政府和企业进一步明确各自定位的问题。

在改革进入攻坚阶段之后，政府应进一步找准定位，切实转变职能。按照市场经济的要求，政府要集中精力建立一个平等、有序、适度竞争的环境和稳定的宏观经济环境，让各市场主体在这个良好的环境中运行。而那些不属于政府职能的事务，政府无须再越俎代疱，尤其是在与企业的关系上，政府要把属于市场主体的权力主动交给企业。例如，把国有资产营运职能交给专门的营运机构，把生产经营管理职能交给企业，把资源配置职能交给市场，把评估、公证、仲裁等服务性职能交给中介组织，从而充分发挥政府在其中的综合宏观调控作用。

对于公共交通行业而言，应坚持政府主导。政府应充分评估公共交通运营基本条件，完善基础设施，为运营企业创造良好的软件、硬件条件。同时，政府应为公共交通企业制定明确的服务标准，建立服务水平评价和奖惩制度,建立企业运营成本科学核算的行业规范,使得百姓有依据享受优质服务,企业有依据核算运营成本,政府有依据购买服务。

具体地,政府应履行以下4个方面的职能:

(1)应制定科学的公共交通规划,合理确定城市、城乡线路,建立线路优化机制,综合调配公共交通运力,解决干线交通拥挤堵塞、冷线热线布局不合理等问题。积极解决快速城镇化背景下中小城镇和近郊县域公共交通发展问题,并将其纳入城市公共交通发展规划。

(2)应逐步完善公共交通站场等基础设施,确保公共交通站场用地,创新站场综合立体式开发等手段来实现站场的可持续、科学运营管理。制定运营车辆标准,确保节能、环保、舒适的车辆投入运营。

(3)制定并完善市场竞争规则,指导公共交通企业规范自身管理。通过制定公共交通行业服务质量规范等措施规范公共交通行业的服务,通过建立合理的票价调整机制和公共交通成本——补贴——服务水平联动的机制来调动企业提升服务质量和水平的内在动力。

(4)加强行业监管,逐步建立公共交通行业的市场退出机制,实现资源的最优配置和良性循环。

公共交通企业应充分发挥市场主体作用,具体体现在以下3个方面:

(1)要充分控制成本、提高运能。包括建立科学的现代企业制度,实行现代化公司制运营,严控成本,提高人员效率。国有企业应逐步消化历史遗留的高人车比问题,充分发掘提高企业运营效率的潜能。

(2)要提升服务质量和水平。根据相关规章和行业标准,积极接受政府、公众和第三方机构的监督,不断提升服务质量和水平,并制定企业内部提升服务质量和水平的激励措施。

(3)要实现企业的可持续发展。在完成普通公共交通线路运营的基础上,创新服务模式,开拓定制商务公共交通等多元化公共交通服务领域。

第三节　我国城市公共交通运营管理模式改革的对策建议

理论和实践已经证明,在包括城市公共交通在内的市政公用事业中引入竞争之后,部分或者全部的市场化取向式的改革都能够产生明显的效益。一方面,通过市场化改革能够节约政府的行政成本,提高政府的服务能力、质量和效益;另一方面,也能够提高市政公共服务产品的质量、态度和效益,增加服务的品种,甚至可以进一步改革生态环境。据温斯顿(Winston,1993)估算,美国通过市政公用事业改革获得了巨大的社会福利。通过进入和退出限制的消除及定价的放宽,生产者因提高效率、降低成本获得了30亿美元(1990年价)的收益,消费者因低价和更优质的服务得到了320亿~430亿美元的收益。日本自然垄断行业改革后也取得了明显成效:

(1)收费降低、消费者受益;

(2)服务水平和服务质量有了明显提高;

(3)经营合理化,效率有所提高;

(4)对经济增长做出了贡献。

我国城市公共交通的改革经历了数次改革历程。20世纪90年代以来,城市公共交通成为全社会关注的重要焦点之一,影响着社会和经济发展的方方面面。通过改革,城市公共交通事业取得了全面的发展,行业改革积累了宝贵的经验,但是也存在许多问题。尤其是党的十八届三中全会以来,党中央、国务院提出了全面深化改革的目标,在此背景下,我们应充分认识到现存的问题:在引入市场机制、促进有序竞争过程中,以国有企业为主要代表的城市公共交通企业作为市场竞争的主体还不是很成熟，公平竞争的支撑体系还不健全。因此，建议采取强化激励规制顶层设计、探索经济效用最大化、细化线路运营服务协议约束、加强政府服务质量监管、提高公众参与度和透明度等方面加快城市公共交通运营管理模式改革。同时，针对不同经济发展水平和公共交通发展水平的城市，应进行分类指导。

1. 强化激励规制顶层设计

具体地，就是用市场价格、社会和生态目标诱导、利益贡献、风险共担的机制取代或辅助行政管理，降低政府、企业、消费者和其他利益相关者信息的不对称性和行政成本，达到投资者、生产者、消费者和其他利益相关方都满意的结果。在规制的标准、手段、单位尚未明确的情况下，有必要强化激励规制的顶层设计。在我国，由于成熟的民营资本和外资企业进入城市公共交通事业领域曾一度受限，政府尚未积累起赖以监管该行业绩效的有效信息，导致为城市公共交通企业提供了软预算约束的便利。因此，应加快制定城市公共交通企业运营成本核算规范，分区域、分城市合理评估城市公共交通企业的实际业绩，尽快积累数据，并制定出优化公共交通业绩的分阶段目标及业绩评估的标准化、规范化办法，逐步引导城市政府完善激励规制机制，尽快提高城市公共交通行业的运行效能。另外，应充分考虑改革过程中国有资本与外资、民营资本之间的转换速率、资本构成模式与数量的均衡，以防改革进程和结果的失控，以及社会效益的损失。

2. 探索经济效用最大化

一般来说，市政公用事业的经济效应分为两种：一是网络经济效应，二是规模经济效应。目前很多城市的改革往往偏重规模经济效应而忽视了网络经济效应，具体体现在公共交通企业从多家兼并为一家的城市越来越多。网络经济是近10多年来的研究热点，其中的梅卡斯定律显示：任何一个网络，它的参与者、接入者或者节点越多，它的效益就越好，网络效能几乎与节点数的平方成正比。特别地，随着我国城镇化进程的加快，城市周边小城镇的居民对公共交通出行的需求不断增加，但由于目前的城市公共交通基础设施和线路网络还不足以为城郊及发展中的小城镇提供服务，因此，有必要采取扩展线路网络和"延伸服务"的形式，实行城乡客运一体化，这也是我国"城市反哺农村"的重要发展策略，目前江苏、浙江、广东等地的农村客运公交化试点已经取得明显的社会效益。事实上，大城市周边乡镇的居民以市场价享受高质量城市公共交通服务的意愿高涨，如果政府在线路优化延伸等方面加以考虑，城市公共交通企业投入运力获得盈利的可能性很高。这就区别于规模效应，对于公共网络或某项公用事业整体来说，遵循梅卡斯定律更甚于规模效应。因此，城市公共交通事业改革一般在结构上应采取纵向分离或水平分离两种方式。纵向分离是将政府和国有企业分离开，将线路规划、开设和调整的权力从公共交通企业独立出来；水平分离是以线路运营权为单位，由政府确定服务质量标准，将运营权放到市场进行公开招投标，通过政府与中标企业签署运营服务协议的形式来进行管制。

3. 细化线路运营服务协议约束

目前，很多城市采取特许经营合同的形式，对运营服务、质量改进、平衡成本收益等目标实行预先管理。一方面，通过特许经营合同能将竞争机制从"空间"因素转变为"时间"因素，引入被替代淘汰的压力，从而能够增强公用事业运营的效率，降低投资者风险，同时能够帮助在位运营者实现改进服务质量、平衡财政收支等目标。理论上认为特许经营合同完全可以做到比较完美，但我国作为快速城镇化、机动化、工业化、信息化、市场化和法治化同步推进的国家，在当前发展过程中，客观上还存在许多不确定的因素难以预测和把握。例如，在特许经营制度的推行过程中，中央政府和部门更关注的是其能够引入市场机制，解决传统模式下存在的很多问题；而省级政府、市级政府和区政府（乃至城投公司等），随着层级逐步往下，政府在实施层面职责逐步加重，财权和事权的不对称现象越来越明显，导致了下级政府关注重点更多的是通过特许经营引入资金的作用，而一些城市习惯通过行政许可直接授予的形式给予企业运营权，他们甚至抵触特许经营制度。特别地，由于城市公共交通事业的自然垄断特性，很多企业是国有企业，其职工参与改革决策的参与度较低。政府既是裁判员，也是运动员，这也导致特许经营合同存在被政府以行政命令形式破坏的可能性。因此，应该坚定地推行法治化，制约政府意愿和行为的多变，尽快出台《城市公共汽电车管理规定》，推行《城市公共汽电车线路运营权服务协议推荐文本》，建立起法律协议约束双方权利义务的机制，促进行业良性发展。

4. 加强政府监管、提高公众参与度和透明度

针对我国城市公共交通行业监管的法规和体系不健全、市场主体官方色彩较浓及各政府部门相互博弈的现象普遍存在的情况，政府应建立相对独立的、职责专业的有效监管机构。监管机构应拥有市场准入、价格、服务质量、标准等方面的监管权力，从而有效地进行综合监管。应加强对公共交通企业运营服务质量的监管，以提高服务质量为导向，推进建立完善的配套制度。加快建立对公共交通企业运营成本的核算和成本规制制度，逐步建立企业服务质量与政府公共交通补贴相挂钩的财税机制，推进《城市公共汽电车企业服务质量评价指标体系》等行业标准规范的制定，加快制定《城市公共汽电车企业服务质量评价办法》。根据经济社会发展水平的变化，建立公共交通票价合理浮动机制，实行公共交通票价浮动的听证制度。逐步引入第三方社会中介机构、市民监督员参与城市公共交通服务质量监管的机制，建立公共交通企业服务质量公示制度。

5. 完善分类指导和实施推进的具体意见

我国城市公共交通运营管理模式改革宜实行分类指导。中央政府应当给予省级和城市人民政府足额的裁量权，使其依据自身经济社会发展特点、城市交通发展的阶段性特点、现有的公共交通企业运营格局等选择适合自己发展特点的公共交通运营管理模式改革方向。对于特大城市和大城市，推荐采用5～8家公共交通企业并存，通过线路服务质量招投标对进入市场的企业资产规模、运营资质、信誉等提出限制要求，使得各企业能够形成适度竞争的格局；对于目前只有1家公共交通企业的特大城市和大城市，应逐步进行公共交通事业改革，鼓励社会资本进入公共交通运营市场，采用分公司等形式形成适度竞争的格局。对于中等城市，推荐采用3～4家公共交通企业并存和适度竞争的运营模式，可采用线路服务质量招投标或特许经营的方式，1～2家国有或国有控股的公共交通企业为主体有利于保持城市公共交通的公益性地位和维持运营市场稳定，另外1～2家混合所有制企业的存在有利于营造“鲇鱼效应”，刺激国有企业保持活力。对于发展中的中小城市，推荐根据城市公共交通线路规模择优选择2家公共交通企业运营，可采取特许经营方式，并根据城镇化进程所产生的新线路开辟需求，适时增加进入运营市场的公共交通企业数量。

参 考 文 献

[1] 马同生. 考察伦敦公共交通的管理及自己的一点思考[J]. 北京市物资流通协会 2010 年理论文集, 2011.

[2] 张荣忠. 英国伦敦的公交客运[J]. 运输经理世界,2005(10):32-33.

[3] 法国公共交通管理体制及经营模式[EB/OL]. http://www.21its.com/Common/DocumentDetail.aspx? ID=20060703171834009 49,2006.

[4] 苏圻涵. 多指标考评体系在特许经营中的运营[J]. 同济大学学报社科版,2001, 4:53-56.

[5] 中华人民共和国交通运输部. 中国城市客运发展报告(2013)[M]. 北京:人民交通出版社股份有限公司.

[6] 香港特别行政区政府运输署. 2010 年运输资料年报[EB/OL],2010.

[7] 刘敬霞. 市政基础设施特许经营协议综述[EB/OL]. http://www.dp-law.cn/publication_03.html.

[8] 陆建山. 城市公交车客运合同法律问题研究[D]. 厦门:厦门大学,2007.

[9] 湖南省城市公共交通线路特许经营合同[EB/OL]. http://www.docin.com/p-740094924.html.

[10] 王欢明,诸大建. 我国城市公交服务治理模式与运营效率研究——以长三角城市群公交服务为例[J]. 公共管理学报,2011,8(2):52-62.

[11] 聂辉华,谭松涛,王宇锋. 创新、企业规模和市场竞争:基于中国企业层面的面板数据分析[J]. 世界经济,2008,31(7):57-66.

[12] 交通运输部规划研究院,浙江省道路运输管理局. 浙江省城乡道路客运发展模式研究[M]. 杭州:西泠印社出版社,2013.

[13] 乔治·伯恩,凯瑟琳·约尔,等. 公共管理改革评价:理论与实践[M]. 张强,译,北京:清华大学出版社,2008.

[14] 魏军. 城市公共交通民营化与政府管制——以兰州市为例[J]. 中国行政管理,2009(6):88-91.

[15] E·S·萨瓦斯. 民营化与公私部门的伙伴关系[M]. 周志忍,等,译. 北京:中国人民大学出版社,2002.

[16] 赵一新,曾小明. 公共交通特许经营的制度安排与规划控制:以佛山市禅城区近期公共交通发展规划为例[J]. 城市规划, 2009,33(4): 65-67.

[17] 瑟夫洛·罗伯特. 公交都市[M]. 北京:中国建筑工业出版社,2007.

[18] 赵长茂,李东序. 市政公用事业市场化改革的依据和路径[M]. 北京:中共中央党校出版社,2008.

[19] 梁雪峰,往广州,刘宝义,等. 城市巴士交通规制政策的理论与实践[M]. 哈尔滨:哈尔滨工业大学出版社,2007.

[20] 世界银行. 可持续发展的交通运输——政策改革之优先课题[M]. 北京:中国建筑工业出版社,2002.

[21] 董丽云. 关于县城城市公交客运经营模式的调研与思考[J]. 产业与科技论坛,2012,11(6): 224-225.

[22] 付建广. 基于特许经营的公交线路可行性研究[J]. 福建建筑,2011,153 (3):103-104.

[23] 李平. 论公交线路权专营制度[J]. 商场现代化,2005(8):172-173.

[24] 李文瑞,董海龙. 深圳公交三足鼎立拉开大幕公益定位下区域专营和市场竞争开中国公交改革先河[J]. 运输经理世界,2007(11):16-18.

[25] 华智,李朝阳,王新军. 香港专营巴士简析及启示[J]. 城市发展研究,2009,16 (10):116-122.

[26] 张红凤. 自然垄断产业的治理:一个基于规制框架下竞争理论[J]. 经济评论. 2008(1):93-99.

[27] 主俊豪. 政府管制经济学导论[M]. 北京:商务印书馆,2001:179-180.

[28] 张红凤. 西方规制经济学的变迁[M]. 北京:经济科学出版社,2005.

[29] 陈健,张大宝. 对特许经营的制度经济学分析[J]. 理论前沿,2001(15):14-15.

[30] 李永生. 城市公交企业商业模式探讨:以深圳公交为例[J]. 城市公共交通,2010(10):48-51.

[31] 丁金辉. 奢华产业企业商业模式与竞争优势研究[D]. 天津:南开大学,2009

[32] 深圳市交通局. 深圳公交发展的探索与实践[J]. 城市公用事业,2008,22(5):4-7.

[33] 李巧茹,马寿峰,魏连雨. 城市公交企业与政府博弈研究[J]. 系统工程,2004,22 (6):6-20.

[34] 安德鲁 · J · 舍曼. 特许经营与许可经营[M]. 4 版. 李维华,黄乙峰,译. 北京:电子工业出版社,2012.

[35] 裘瑜,吴霖生. 城市公共交通运营管理实务[M]. 上海:上海交通大学出版社,2004.

[36] 肖俊. 北京城市轨道交通投融资研究[D]. 北京:北京工商大

学,2003.

[37] 唐兴霖. 国家与社会之间—转型期的中国社会中介组织[M]. 北京:社会科学文献出版社,2013.

[38] 许光建,吴茵. 政府购买公共服务国际经验比较与借鉴[N]. 人民论坛,2013.

[39] 句华. 公共服务中的市场机制:理论、方式与技术[M]. 北京:北京大学出版社,2006.

[40] 孙传姣,王元庆,周伟. 快速公交的运营管理研究[J]. 交通企业管理,2007,22(4):33-34.

[41] 王少飞,肖鹏,陶瑞岩,等. 快速公交系统(BRT)运营管理初步研究[J]. 中国公共安全:智能交通,2007(011):127-132.

[42] 张俊. 快速公交收费系统规划方法研究[D]. 南京:东南大学,2005.

[43] 牟晓翼,梁润雯,黄明亮. 为擦亮广州名片全心投入工作[N]. 新快报,2014.

[44] 陈洁娜,蒋晓达. 百日磨练,广州 BRT 服务优势日益彰显[N]. 南方日报,2010.

[45] 张佳怡. 银川快速公交提升百姓出行幸福感[N]. 宁夏在线,2014.

[46] 上海市决策咨询委员会考察组. 巴西库里蒂巴快速公交考察报告(BRT)[J]. 决策咨询通讯,2007(5):66-67,78.

[47] 南京市发展和改革委员会,库里蒂巴城市 BRT 综合交通系统的启示[EB/OL].

[48] 杨涛,过秀成,张鉴,等. 库里蒂巴一体化公共交通系统[J]. 城市交通,2009,7(3):35-42.

[49] 金凡,吴红. 波哥大市快速公交系统建设经验[J]. 城市交通,2007,5(1):56-63.

[50] 胡晓嘉,顾保南,吴强. 城市轨道交通运营管理模式研究[J]. 城市轨道交通研究,2002,5(4):43-49.

[51] 李书庆,李楠,杜晓明. 我国城市轨道交通运营管理模式探讨[J]. 河南建材, 2010, 6: 039.

[52] 徐志修. 浅谈快速公交系统在我国的发展前景和发展策略[J]. 交通标准化,2005,(2):30-34.

[53] 汪波,禹丹丹,李得伟. 东京地铁运营组织分析[J]. 都市快轨交通,2012,25(1): 111-115.

[54] 仇保兴. 市政公用事业改革的理论和实践[J]. 城市管理与科技,2009 (4): 8-11.

[55] 张武扬. 行政许可法释论[M]. 合肥:合肥工业大学出版社,2003.

[56] 王红梅. 城市轨道交通的运营管理研究[D]. 北京:北京交通大学,2007.

[57] List of bus routes forming the core London Bus Services network. Transport for London, February, 2014. http://www. londonbusroutes. net/routes. htm#main.

[58] Transport for London." London Buses tendering system ". http://www. londontravelwatch. org. uk/links/bus_operating_companies. December 2010.

[59] List of bus routes in London[EB/OL]. http://en. wikipedia. org/ wiki/List of bus routes in London, 2014.

[60] WILLIAM R., ANNE Y B. Ownership, Contractual Practices and Technical Efficiency: The Case of Urban Public Transport in France [J]. Journal of Transport Economics and Policy[J], 2007, 41(2): 257-282.

[61] VICENTE P, LOURDES T. Analysis of the Efficiency of Local Government Services Delivery: An application to Urban Public Transport [J]. Transportation Research Part A[J] , 2001, 35(10):929-944.

[62] SUZANNE L. OLGA S. Reassessing Privatization Strategies 25 Years Later: Revisiting Perry and Babitsky Comparative Performance Study of Urban Bus Transit Service [J]. Public Administration Review, 2009, 69(5):855-867.

[63] Salamon, Lester M. , Partners in Public Service: The Scope and Theory of Government- Nonprofit Relations, in Powell, W. W. (ed.), The Nonprofit Sector : A Research Handbook, Yale University Press, New Haven, 1987.

[64] Takao Okamoto, Norihisa Tadakoshi. Rail Transit in the World Major City[J]. Japan Railway & Transport Review, 2000(10).